essentials

essentials liefern aktuelles Wissen in konzentrierter Form. Die Essenz dessen, worauf es als „State-of-the-Art" in der gegenwärtigen Fachdiskussion oder in der Praxis ankommt. *essentials* informieren schnell, unkompliziert und verständlich

- als Einführung in ein aktuelles Thema aus Ihrem Fachgebiet
- als Einstieg in ein für Sie noch unbekanntes Themenfeld
- als Einblick, um zum Thema mitreden zu können

Die Bücher in elektronischer und gedruckter Form bringen das Expertenwissen von Springer-Fachautoren kompakt zur Darstellung. Sie sind besonders für die Nutzung als eBook auf Tablet-PCs, eBook-Readern und Smartphones geeignet. *essentials:* Wissensbausteine aus den Wirtschafts-, Sozial- und Geisteswissenschaften, aus Technik und Naturwissenschaften sowie aus Medizin, Psychologie und Gesundheitsberufen. Von renommierten Autoren aller Springer-Verlagsmarken.

Weitere Bände in der Reihe http://www.springer.com/series/13088

Bernd Herrmann · Jörn Sieglerschmidt

Umweltgeschichte und Kausalität

Entwurf einer Methodenlehre

Bernd Herrmann
Göttingen, Deutschland

Jörn Sieglerschmidt
Asendorf, Deutschland

ISSN 2197-6708　　　　　　ISSN 2197-6716　(electronic)
essentials
ISBN 978-3-658-20920-9　　ISBN 978-3-658-20921-6　(eBook)
https://doi.org/10.1007/978-3-658-20921-6

Die Deutsche Nationalbibliothek verzeichnet diese Publikation in der Deutschen Nationalbibliografie; detaillierte bibliografische Daten sind im Internet über http://dnb.d-nb.de abrufbar.

Springer Spektrum
© Springer Fachmedien Wiesbaden GmbH, ein Teil von Springer Nature 2018
Das Werk einschließlich aller seiner Teile ist urheberrechtlich geschützt. Jede Verwertung, die nicht ausdrücklich vom Urheberrechtsgesetz zugelassen ist, bedarf der vorherigen Zustimmung des Verlags. Das gilt insbesondere für Vervielfältigungen, Bearbeitungen, Übersetzungen, Mikroverfilmungen und die Einspeicherung und Verarbeitung in elektronischen Systemen.
Die Wiedergabe von Gebrauchsnamen, Handelsnamen, Warenbezeichnungen usw. in diesem Werk berechtigt auch ohne besondere Kennzeichnung nicht zu der Annahme, dass solche Namen im Sinne der Warenzeichen- und Markenschutz-Gesetzgebung als frei zu betrachten wären und daher von jedermann benutzt werden dürften.
Der Verlag, die Autoren und die Herausgeber gehen davon aus, dass die Angaben und Informationen in diesem Werk zum Zeitpunkt der Veröffentlichung vollständig und korrekt sind. Weder der Verlag noch die Autoren oder die Herausgeber übernehmen, ausdrücklich oder implizit, Gewähr für den Inhalt des Werkes, etwaige Fehler oder Äußerungen. Der Verlag bleibt im Hinblick auf geografische Zuordnungen und Gebietsbezeichnungen in veröffentlichten Karten und Institutionsadressen neutral.

Gedruckt auf säurefreiem und chlorfrei gebleichtem Papier

Springer Spektrum ist ein Imprint der eingetragenen Gesellschaft
Springer Fachmedien Wiesbaden GmbH und ist Teil von Springer Nature
Die Anschrift der Gesellschaft ist: Abraham-Lincoln-Str. 46, 65189 Wiesbaden, Germany

Vorwort

Das vorliegende Bändchen „Umweltgeschichte und Kausalität" ergänzt unsere beiden früheren Essentials-Bände „Umweltgeschichte im Überblick" (2016) und „Umweltgeschichte in Beispielen" (2017). Allen gemeinsam ist das Ziel, die Systematisierung umwelthistorischen Wissens zu befördern, wobei dies am ausgeprägtesten im vorliegenden Bändchen geschieht. Zur Begriffsgeschichte selbst und ursprünglichen Bedeutung des Umweltbegriffes ist auf die früheren Bände zu verweisen. Auf den uns leider erst jetzt bekannt gewordenen Aufsatz von Leo Spitzer (1942) sei hier wenigstens hingewiesen, da er bisher trotz seiner Bedeutung in der uns bekannten umwelthistorischen Literatur nicht genannt wird.

Unter Umweltgeschichte verstehen wir die Verschränkungen der naturalen wie kulturellen Anpassungen, Ausbeutungsstrategien und Expositionsrisiken, die Menschen in der Vergangenheit im Umgang mit ihren jeweiligen Umwelten geleistet, erfunden bzw. erduldet haben. Sie ist die historische Ergänzung zu einer Humanökologie der Jetztzeit (z. B. Moran 2008; Nentwig 2005; Bargatzky 1985; Harris 1991). Ihre Sichtweise verbindet eine materialistische mit einer idealistischen Auffassung.

Systematisierungen sind Prinzipien gedanklicher Ordnung und erleichtern die Beschäftigung mit Umweltgeschichte, die nach unserer Auffassung ein voraussetzungsvoller Wissenszusammenhang ist. Der Zusammenhang setzt sowohl erhebliche natur-, insbesondere lebenswissenschaftliche wie geschichtswissenschaftliche Kenntnisse voraus.

Den Ausgang nehmen unsere Überlegungen von umwelthistorischen Anfangs- bzw. Ersteignissen. Während Anfangsereignisse für uns den Beginn einer nachgezeichneten Entwicklung markieren, deren Anfänge allermeist unsicher und anonymen Ursprungs sind und deshalb mit einiger Willkürlichkeit gesetzt werden, gründen Ersteignisse auf ihnen zugrunde liegenden benennbaren neuen Ideen, Entdeckungen oder für eine geografische Region neuartigen Entwicklungen.

Erstereignisse spielen zahlenmäßig gegenüber Anfangsereignissen eine nachrangige Rolle, sie haben allermeist ein sicheres Datum und eine neue Qualität. Die Unterscheidung ist eine zwischen allgemeinem Anfangsereignis und konkretem Erstereignis, wobei das Erstereignis immer auch ein Anfangsereignis ist, nicht aber umgekehrt.

Dort, wo in diesem Band jenseits des Allgemein-Grundsätzlichen konkrete Beispiele erforderlich werden, beziehen sie sich überwiegend auf uns vertraute europäische Sachverhalte. Für die Veranschaulichung von Strukturierungsfragen ist die Provenienz eines Beispiels allerdings nachrangig. Tatsächlich erscheint uns auch die Zahl der hier behandelten Anfangsereignisse nachrangig, deren Anzahl man je nach persönlicher Einstellung variieren kann. Unser Hauptanliegen ist die Beförderung methodologischer Grundlagen der Umweltgeschichte, ein aus unserer Sicht vernachlässigter Aspekt. Entsprechend wird er in diesem Band in den Mittelpunkt gestellt. Das Räsonnement über das Anfangsereignis und die mit ihm untrennbar verbundene Kausalitätsproblematik könnte deshalb wie ein Vorwand wirken, ihre Erörterung legt allerdings manches gedankliche Grundproblem in der Umweltgeschichte frei, das sonst von den Problemen in den konkreten Untersuchungsfällen verstellt wird. Es mag überraschen, wenn wir in unserer Argumentation gelegentlich auf ältere Literatur zurückgreifen. Auch dies ist dann der Originalität dort formulierter Einsichten geschuldet, deren Urheberschaft spätere Autoren manchmal übersehen.

Anfangsereignisse markieren den angeblichen oder tatsächlichen Beginn von Entwicklungen, denen in nachfolgender Zeit Bedeutung zukommt. Sie spielen in der Umweltgeschichte heimliche wie offenkundige Rollen, indem sie Strukturierungsmarken innerhalb kontinuierlich ablaufender Prozesse bilden. Das erklärt sich aus der Eigenschaft der Umwelt, die als naturale Gegebenheit bestimmt ist durch Evolutionen und natürliche historische Prozesse, beides Entwicklungen in der Zeit. Umwelt ist im gegenwärtigen Sprachgebrauch gebunden an die und gleichbedeutend mit den Wechselwirkungen eines oder mehrerer Organismen und ihrer naturalen Umgebung. Zu weiterer begrifflichen Präzisierung können die beiden oben genannten Essentials-Bändchen herangezogen werden.

Während eine schlichte Rückführung auf den Urknall als ultimativem Anfangsereignis und dem Beginn des Weltalls thematisch unproduktiv wäre, ist es erforderlich, an Grundlagen der Totalität alles Existierenden zu erinnern. Gemeint sind die nach allgemeinen physikochemischen Gesetzen ablaufenden Prozesse der unbelebten und belebten Natur und die evolutiven Abläufe, die sich aus den DNA-gesteuerten Programmen der organismischen Welt und deren epigenetischen – d.i. umweltbedingten – Modifikationen ergeben. Anfangsereignisse sind, wenn es nicht um die bloße akademische Benennung um ihrer selbst willen geht, aus pragmatischen Gründen relevant. Wo immer eine *anthropogene* Ursache eines Prozessgeschehens gegeben ist, besteht heute Anlass zur kritischen Überprüfung seiner Wirkung auf den Zustand der Welt. Selbstverständlich reichen die Ursachen bzw. Anfänge letztlich immer auch auf das erste artliche Auftreten von Menschen im Evolutionsgeschehen hin. Die Möglichkeiten der Wirkungen von Menschen auf den Zustand der Welt nahm in diesen, vielleicht 7 Mio. Jahren zu. Zweifellos. Davon sind die allermeisten Jahrmillionen und Jahrhunderttausende zu vernachlässigen, denn die Wirkungsspirale begann und beschleunigte sich, als Menschen den Zustand umherschweifender Primaten hinter sich ließen, deren Leben sich allein auf Ideen der Nahrung, des Erhalts des körperlichen Wohlbefindens und der Fortpflanzung konzentrierte, zur Sesshaftigkeit übergingen und damit unwillkürlich die Entstehung des anthropogenen Weltzustands in Gang setzten.

Nun sind nomadisierende Jäger- und Sammlerverbände ebenso landschaftsbildend (*humanized landscapes*, Wilbur Zelinsky) wie alle Organismen einen Einfluss auf die Gestaltung ihrer Umgebung und Umwelt haben. Das gilt im Großen für saisonale Weidegänger wie im Kleinen, etwa für Hörnchen und Häher (Holtmeier 2002). Man behauptet allerdings, dass diese unwillkürlich ablaufenden Einflüsse reversibel wären, während der ökologische Fußabdruck des Menschen heute mit Argwohn und Zukunftsangst betrachtet wird. Selbstverständlich gilt die hier gemeinte Reversibilität nur in einem ungefähren Sinne, denn die Zeit schreitet voran und die Organismen wechseln. Und die unabhängig von menschlicher Wirkung auftretenden Veränderungen der Natur, wie Vulkanismus, Extremwetterlagen, Erdbeben, Bergstürze, Flussverlagerungen usw. waren von je her irreversibel.

Wir vermeiden die Verwendung des Umweltbegriffs für rein soziologische Sachverhalte, weil sie nach wie vor mit dem älteren Milieu-Begriff beschreibbar sind und der Umwelt-Begriff eine besondere Betonung der lebenswissenschaftlichen Aspekte enthält. Diese Differenzierung ist insofern von Bedeutung, als die menschliche Umwelt bzw. die von ihr gestaltete zwar selbstverständlich zahlreiche mitmenschliche Komponenten und gesellschaftliches Handeln enthält. Jedoch zielen die individuellen und gemeinschaftlichen Handlungen im umweltgeschichtlichen Zusammenhang *nicht unmittelbar* auf das Zusammenleben von Menschen. Vielmehr beobachtet und analysiert die Umweltgeschichte diejenigen Handlungen und Wirkungen, die allgemein von Menschen auf die naturale Umgebung ausgehen bzw. von dieser oder einzelnen ihrer Anteile auf Menschen, andere Lebewesen und ihre Gemeinschaften wirken.

Das vorliegende Essentials-Bändchen beschließt die kleine Reihe unserer umwelthistorischen Darstellungen. Wir danken dem Springer-Verlag für die Gelegenheit zu ihrer Veröffentlichung, unseren Lektorinnen Stefanie Wolf (Heidelberg) und Ivonne Eling (Köln) sowie den Herstellern Jennifer Ott (Wiesbaden) und Sathyanarayanan Krishnamoorthy (Chennai Tamilnadu, Indien) für ihre Bemühungen, den Text in ein ansehnliches Druckerzeugnis verwandelt zu haben. Für einzelne Hinweise danken wir Raimund Kolb (Würzburg/Basel) und Anna Böhnhardt (Umweltbundesamt, Dessau). Schließlich geht ein großer Dank auch an Bärbel und Susanne für ihre wie immer verständnisvolle Geduld.

Göttingen und Asendorf Bernd Herrmann
31. Oktober 2017 Jörn Sieglerschmidt

Inhaltsverzeichnis

1	**Einleitung**	1
2	**Wege zum Erst- und zum Anfangsereignis**	9
	2.1 Wie findet man einen Anfang?	9
	2.2 Philosophische Grundlagen	15
	2.3 Prozessuale Grundlagen	22
	2.4 Letztereignisse	25
3	**Anfang und Anthropozän**	29
4	**Materialistische Umweltgeschichte**	35
	Literatur	43

Einleitung

> *Es ist hier keine Auskunft für den Philosophen, als daß, da er bei Menschen und ihrem Spiele im großen gar keine vernünftige e i g e n e A b s i c h t voraussetzen kann, er versuche, ob er nicht eine N a t u r a b s i c h t in diesem widersinnigen Gange menschlicher Dinge entdecken könne; aus welcher, von Geschöpfen, die ohne eigenen Plan verfahren, dennoch eine Geschichte nach einem bestimmten Plane der Natur möglich sei.*
>
> (Kant 1964, S. 34)

Philosophen, Theologen, Physiker und Historiker[1] beschäftigt gleichermaßen die Frage nach dem Anfang, nach der Genese eines heutigen Zustandes, seit uns die Erträge der Überlegungen dieser Wissenschaften vermittelt werden. Könnte man den Urknall als Anfang der uns bekannten Welt verstandesmäßig vielleicht noch bewältigen, erscheint eine Antwort auf die Frage nach dessen Ursache unbegreifbar. Johann Gustav Droysen hatte in seinen Vorlesungen zur Historik 1857/1858 die Rekonstruktion von Anfängen nicht als Gegenstand einer kritischen Geschichtsforschung angesehen, schon gar nicht, wenn damit das ursprüngliche Wesen einer Sache begründet werden sollte, sondern solche Anfänge als Teil der historischen E r z ä h l u n g gesehen. Ein relativer Anfang ist unsere, aus dem Gewordenen r e k o n s t r u i e r t e S e t z u n g. Ein unmittelbarer oder gar absoluter Anfang kann zwar spekulativ gedacht (Urknall) oder religiös geglaubt (Schöpfung), nicht aber historisch gefunden werden, da die historische Betrachtung

---

[1] Im gesamten Text ist mit der männlichen Form immer auch die weibliche mitgemeint.

nur Glieder einer unendlichen, d. h. nicht beginnenden und nicht endenden Kette von Ereignissen erfassen kann (Droysen 1977, S. 159–161).

Unter der Voraussetzung eines (natur)wissenschaftlichen Weltbildes ist das Nachdenken über die Ursache und den Anfang aller uns vorstellbaren Gegebenheiten nicht zwingend hilfreich für die Gestaltung und Bewältigung der jeweiligen Lebensspanne. Friedrich Nietzsche hatte 1874 im zweiten Stück der *Unzeitgemäßen Betrachtungen* sehr anschaulich das Vergangene auch als möglichen Totengräber des Gegenwärtigen bezeichnet (Nietzsche 1997, S. 213). Vertraut man auf transzendente Überzeugungssysteme, womöglich auf die Existenz von Weltenschöpfern, erübrigt sich die Frage nach dem Anfang. Gewissheit herrscht in jedem Falle darüber, dass wir mit dieser Welt als Vorgabe unserer Existenz fertig werden müssen. Gestritten wird darüber, ob diese Welt, wie Gottfried Wilhelm Leibniz es als Argument seines Gottesbeweises formulierte, „die beste der möglichen" ist (Leibniz 1999, S. 206–365, hier u. a. 218 f.).

Mit der Frage nach den Anfängen geschichtlicher Entwicklungen stellt sich zugleich die nach den unterschiedlichen wissenschaftlichen Erklärungsmodellen. Seit Droysen (1977) versucht hat, den genuinen Bereich der historischen Forschung abzustecken, sind immer wieder Versuche gemacht worden – nicht nur in den Geistes-, sondern auch in den Sozialwissenschaften – einheitliche Methodenideale allen Wissenschaften zugrunde zu legen. Keiner dieser Versuche eines Monismus kann als erfolgreich angesehen werden. Vielmehr ist z. B. Bernheim (1908) zuzustimmen, der eine gegenstandsangemessene Methodenwahl für sinnvoll hält, damit aber keineswegs ausschließen will, dass die Erklärung eines Sachverhaltes nicht nur eine, sondern mehrere Methoden erfordern kann. Gerade die Umweltgeschichte ist ein geeignetes Beispiel für eine jeweils unterschiedliche Kombination von Methoden. Sie steht damit allerdings keineswegs allein, denn auch andere Wissenschaften wie z. B. Archäologie oder Geografie haben sich mit vergleichbaren Problemen auseinanderzusetzen – und auseinandergesetzt.

Die von Wilhelm Windelband 1894 getroffene Unterscheidung von nomothetischen (nomologischen), d. h. universelle, unabhängig von Raum und Zeit bestehenden Gesetzmäßigkeiten setzenden, und ideografischen, d. h. Gedanken beschreibenden, Wissenschaften ist vielfach aufgenommen worden und lässt sich nahtlos auf den Unterschied von Natur-und Geisteswissenschaften abbilden. Die Unterscheidung hat eine lange Tradition bereits in der Körper-Seele(Geist)-Dichotomie und ist spätestens seit René Descartes kanonisch geworden als Unterscheidung von *res extensa,* den ausgedehnten, nach mechanischen Gesetzen sich verhaltenden Dingen, und *res cogitans,* den erdachten Dingen (Carrier und Mittelstraß 1989, S. 12–18). Ab dem 18. Jahrhundert wird daraus eine Teilung zwischen materialistischen und idealistischen Auffassungen, wobei der Materialismus zugleich die Tendenz hat, sämtliche Erscheinungen auf das reduzieren zu wollen, was naturwissenschaftlich erklärbar ist, ein naturwissenschaftlicher Reduktionismus, der auch als Szientismus oder Naturalismus bezeichnet wird und vielfach eine deterministische Geschichtsauffassung vertritt, wenn er nicht in demokritscher Tradition dem Zufall das Feld überlässt.

Während noch für Kant die Naturwissenschaft, ja jegliche Vernunfttätigkeit ein Weg zur Autonomie menschlichen Handelns war, zumal die Verlässlichkeit der Natur und damit der notwendige Zusammenhang der Ereignisse in die Natur von uns hineingearbeitet werden muss (Kambartel 1968, S. 93 f., 108–111, 129–131; Schiller 1963, S. 6, 14–49, 48), versuchen seit dem 18. Jahrhundert Naturphilosophen und -wissenschaftler immer wieder den Menschen als Gefangenen vor allem seiner Natur, seiner Triebe und Antriebe darzustellen. Diese negative Anthropologie ist nicht mit der neuzeitlichen Vorstellung der Einbindung des Menschen in den Kosmos, der Einwirkung kosmischer Kräfte auf alle Lebewesen zu vergleichen, da diese Vorstellung mit einem Gottesbegriff verbunden war, der dem Menschen einen freien Willen zugestehen konnte. Deterministische Vorstellungen waren seit dem 18. Jahrhundert und sind heute durchgängig materialistisch und lassen – wie der laplacesche Dämon – keine Spielräume offen, allenfalls gedanklich solche, die durch noch und vorläufig bestehende Unkenntnis naturgesetzlicher Kausalität als *asylum ignorantiae* (Spinoza 2008, S. 152 f.) bzw. als Gesetze spezifischer Komplizierung (Hartmann 1912, S. 27), als Zuflucht des Unwissens, zu gelten haben. Während unter solchen Bedingungen Menschen für ihr Tun keine Verantwortung zu übernehmen haben, setzt die Jurisprudenz wie auch die philosophische Ethik die Bedingungen, unter denen Menschen trotz ihrer Natur zur Verantwortung gezogen werden müssen.

Und doch gehört die scharfe Trennung von Natur und Kultur nicht zum Grundverständnis des Naturbegriffs bis in das 19. Jahrhundert, denn die Naturerkenntnis zielt auf eine wesensmäßige, wahrhaftige Erkenntnis der Welt und der Dinge. Dabei erscheint Natur einerseits als Prinzip der Konstanz, Identität und Struktur in einer sich beständig ändernden Welt und andererseits als empirisch beobachtbare Formenvielfalt, eine Unterscheidung, die sich in der von Spinoza aufgestellten Dichotomie von *natura naturans* und *natura naturata* wiederfindet (Leinkauf 2005, S. 3; s. Abb. 1.1). Zahlreiche Autoren der Neuzeit haben geistige und materielle Natur nicht getrennt und damit den menschlichen Geist nicht aus der Natur ausgeschlossen. Thomas Leinkauf hält daher nicht so sehr eine Trennung von Körper und Seele im traditionellen Sinne für bedeutsam als vielmehr die zwischen Materialismus und Idealismus. Für ihn ist der heutige Zustand dadurch gekennzeichnet, dass der Naturbegriff der Naturwissenschaft und derjenige einer bewussten individuellen Erfahrung keine gemeinsame Schnittmenge mehr haben (Leinkauf 2005, S. 11–19). Philippe Descola (2013, 2014) ist der Auffassung,

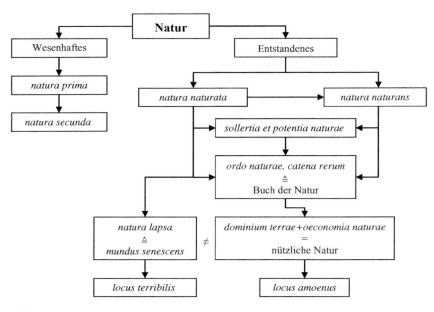

Abb. 1.1 Genetische Zusammenhänge von Naturvorstellungen, die den Naturdiskurs bis zur Aufklärung beherrschten (Nach Ulrike Kruse, aus Herrmann 2016, S. 250). Sie setzen sich seitdem in anderen Gewändern fort. Die Natur als Wesen einer Sache *(natura prima)* kann durch das, was einem Lebewesen im Laufe seines Lebens mitgegeben wird, zur *natura secunda* werden (wie etwa im Beispiel der Bärin Ovids, die ihr Junges in Form leckt). Neben dieser wesenhaften Natur existiert eine sich selbst hervorbringende Natur *(natura naturans)*, die ihre eigene Ursache ist. Eine andere Auffassung sieht einen kreationistischen Ursprung *(natura naturata)*. [Im Grunde handelt es sich bei dieser Unterscheidung, die auf Aristoteles zurückgeht, um diejenige zwischen einem strengen Naturalismus und einem konzessionslosen Kulturalismus (Descola 2014, S. 33)]. Die Natur, die sich einer Schöpfung verdankt, ist für den Menschen geschaffen, ist ihm anvertraut und ihm untertan *(dominium terrae)*. In der Kunstfertigkeit und im Vermögen der Natur *(sollertia et potentia)* liegt es, oder es ist determiniert, dass ihre Dinge in einer unendlichen Kette *(catena rerum)* über eine Stufenordnung *(scala/ordo naturae)* hierarchisch angeordnet sind. Diese natürliche Ordnung bildet das Buch der Natur. In ihm zu lesen, die Natur zu beobachten, ist (u. a. für die Physikotheologen) aktiver Gottesdienst. Was jene für die Regeln des göttlichen Schöpfungsplans halten, bildet in der Vorstellung der Physiokraten seit der Mitte des 18. Jahrhunderts die Regeln für das Staatswesen wie für die landwirtschaftliche Praxis. Die Haushaltung der Natur *(oeconomia naturae)* und die richtige Ausübung der Herrschaft führen dann zum idealen *locus amoenus,* einem Ort arkadischer Ausstattung, an dem sich

1 Einleitung

◀ alle Vorzüge der Natur in ausgewogener Weise den Anwesenden präsentieren. Den Gegenentwurf bildet die *natura lapsa,* die gefallene Natur, die, wie die Menschheit, dem kontinuierlichen Niedergang und, wie die Welt, den sich stetig verschlechternden Zeitaltern preisgegeben ist. Diese Entwicklung führt zur Idee des *locus terribilis,* der als wüster und öder Ort, als ungezähmt feindliche und gefährliche Natur gedacht wird. Hieraus leiteten sich apokalyptische und i. e. S. moraltheologische Vorstellungen von Sünde und Strafe ab. In der Nachfolgezeit wird die romantische Sicht auf die Natur die Idee des *locus amoenus* neu definieren und das wissenschaftliche Weltbild den *ordo* und die *oeconomia naturae* in ihr Programm der *natura naturans* aufnehmen. In den chemischen Elementen, den Gesetzmäßigkeiten ihrer Verbindungen, den universellen physikochemischen Gesetzmäßigkeiten und den genetischen Programmen der Organismen einschließlich der Epigenetik finden sich heutige Auffassungen der *natura prima et secunda* wieder. Moderne Varianten der *natura lapsa* sind sowohl in naturwissenschaftlichen, in geistes- und gesellschaftswissenschaftlich und religiösen Weltbildern enthalten

dass der Natur-Kultur-Dualismus zu einer eurozentrischen Verzerrung geführt habe, „der in dem Glauben besteht, dass nicht die Realitäten, die den Menschen objektivieren, überall die gleichen sind, sondern dass unsere Art, sie zu objektivieren, von allen geteilt wird" (2014, S. 38).

Bewertungen historischer Ereignisse haben sich vor zwei Denkfallen zu hüten: sie beurteilen die historische Situation aus *heutiger* Sicht, dürfen dabei aber den historischen Akteuren weder gegenwärtige Wertmaßstäbe unterlegen noch das heutige Wissen um Sachzusammenhänge. Sowenig, wie wir Heutigen mit sicherer Gewissheit in die Zukunft schauen und unsere Handlungen danach ausrichten können, sowenig konnten es die historischen Akteure. Sie hofften, wie wir heute auch, dass durch ihre Handlungen eine gesicherte Zukunft möglich wäre. Die Suche nach Anfangsereignissen ist also allererst eine feststellende und keine wertende oder gar vorwurfsvolle.

Die *Bewertung* der Zustandsbeschreibung obliegt gesellschaftlichen Aushandlungsprozessen. Solche Aushandlungsprozesse hängen nur bedingt von verfügbaren Informationen und korrekten Einschätzungen der Sachverhalte ab. Entscheidend sind Macht und Interessenlagen der beteiligten Akteure und deren Einfluss auf die initialen Absichten oder Maßnahmen, die auf unmittelbare oder langzeitlich erhoffte Ergebnisse zielen. Für die umwelthistorische Betrachtung sind sowohl die Motivationen wie auch die unmittelbaren Folgen, aber auch die häufig generationenübergreifenden Langzeit-wie Nebenfolgen von Interesse.

Angesichts der Dringlichkeit gegenwärtiger lokaler wie regionaler und globaler Umweltprobleme erscheint es zunächst kaum hilfreich, nach Anfängen bzw. Ersturschen dieser Probleme zu fragen. Im Gegensatz zum ersten Anschein halten Antworten auf diese Frage allerdings drei gewichtige Einsichten für die Behandlung der aktuellen Probleme bereit. Während eine finale Rückführung auf den Beginn des Weltalls thematisch unproduktiv ist, ist es aber erforderlich, an bestimmte Grundlagen für die und in der Totalität alles Existierenden zu erinnern. Gemeint sind die nach allgemeinen physikochemischen Gesetzen ablaufenden Prozesse der unbelebten und belebten Natur und die evolutiven Abläufe, die sich aus den DNA-gesteuerten Programmen der organismischen Welt und den epigenetischen Modifikationen ergeben. Anfangsereignisse sind auch aus pragmatischen Gründen einer Umweltdiagnostik und daraus resultierenden therapeutischen Ansätzen relevant.

„All forms of life modify their contexts." Lynn White brachte 1967 diese ebenso triviale wie richtige anonyme Einsicht zu Papier und überlieferte damit die ökologische Zentralerkenntnis in kürzest möglicher Weise. Die Einsicht beschreibt einen bedeutenden Ablauf der Naturgeschichte selbst, die ohne Lebewesen und deren Wirkung auf ihresgleichen wie ihre Umwelt nicht denkbar ist. Und sie beschreibt ebenso den Gang der Kulturgeschichte, wie Menschen sie erleben. Die Aussage ist nicht gleichbedeutend mit dem allumfassenden Erklärungsanspruch der Generalformel: „Alles hängt mit allem zusammen". Nicht, weil diese Aussage am Beginn jeglicher Art systemischen Denkens steht. Sondern weil erst der Hinweis auf den Kontext den Sachverhalt präzisiert, die systemrelevanten Größen benennt. Es ist der Hinweis auf die Begrenztheit des Einflussbereichs, auf die Reichweite einer Wirkung, auf ihre Skalenabhängigkeit.

Zunächst sollte anlässlich einer beabsichtigten Änderung gegenwärtiger Zustände nach den Wegen und Motiven gefragt werden, die zu ihnen geführt haben. Nur so ließen sich wirksam und nachhaltig weitere unerwünschte Wirkungen vermeiden. Man wird bei der historischen Recherche feststellen, dass Anfangsereignisse auf unterschiedlichen Beobachtungsskalen verortet sind, die ihrem zeitlichen Auftreten und ihrer jeweiligen Reichweite entsprechen. Beispielsweise ist ein Jahrhundert- oder Jahrtausendhochwasser mit begleitendem Wetterextrem im objektiven Sinn kein Erstereignis, es ist es aber im Sinne einer generationenspezifischen Erfahrung. Das Hochwasser kann von einem Dorfbach geführt werden, also nur lokale Bedeutung haben; es kann aber auch regionale, mitunter landesweite, selten sogar kontinentweite Auswirkungen haben. Es existieren zahlreiche ähnlich gelagerte Beispiele naturaler Anfangsereignisse, von den sagenhaften zehn Plagen Ägyptens über Bodenerosion, Erdbeben bis zu Epidemien und Missernten. Deutlich wird dabei, dass auch die kontextuelle Wahrnehmung dem Erstereignis seine Qualität zuschreibt. Bei Lichte besehen sind umwelthistorische Anfangsereignisse überwiegend *Erstwahrnehmungsereignisse*. Das gilt z. B. für die angeblich erstmalige Aufdeckung ökologischer Zusammenhänge, die z. B. neuerdings Alexander von Humboldt zugeschrieben werden (Wulf 2016, z. B. S. 105). Es handelt sich hierbei wie allgemein um die Erstwahrnehmung durch eine Autorin oder in einer wissenschaftlichen Gemeinschaft, die sich selbst ihrer Bedeutung als etabliert, sachverständig und verbindlich versichert. Hingegen bleiben die auch heute plausibel erscheinenden Erklärungen früherer Denker oder gar Angehöriger anderer Kulturkreise meist ausgeschlossen. Manche dienen wegen ihrer Abwegigkeit zuweilen heutiger Belustigung. Dabei verdankt sich wissenschaftlicher Fortschritt bekannter Weise dem Irrtum. Und es ist einzuräumen, dass mögliche frühere Erklärungen in Archiven oder Veröffentlichungen vergraben sind, die ohne gezielte Suche unbekannt bleiben werden.

Auch die Anfangsereignisse des lebenswissenschaftlichen Bereichs sind unterschiedlichen Beobachtungsskalen zuzurechnen. Die Biografie eines jeden Lebewesens weist eine Fülle von Erstereignissen auf, ob das z. B. die Metamorphose eines Schmetterlings oder den Lebensweg eines Menschen betrifft. Deren Reichweite dürfte zwar den individuellen Lebensweg, in der Regel aber kaum den Gang der Geschichte beeinflussen. Das kann anders sein z. B. durch eine kollektiv erlebte Hungersnot nach einer extremen Wetterlage und ist von noch größerer Wirkung im Falle etwa einer Pandemie, wie der ersten, durch späteren Erregernachweis sicher nachgewiesenen Grippepandemie von 1918–1920, die weltweit mehr Tote forderte als der Erste Weltkrieg.

Betrachtungsebenen für Erstereignisse können also von der mikrohistorischen Ebene bis zur weltgeschichtlichen Dimension reichen, weil sie von der Reichweite und damit von der relativen Bedeutung des Erstereignisses bestimmt werden. Dabei wird ein *zweckmäßig relativierter* und um die Erstwahrnehmungsfacette ergänzter Erstereignis- bzw. Anfangsereignis-Begriff zugrunde gelegt.

Dann führt die Suche nach Anfängen auf mitunter überraschend lange Zeitreisen, weil die Gründe vieler heutiger Probleme letztlich auf Entscheidungen zurückgeführt werden können, deren Langzeitwirkungen nicht absehbar waren und z. T. noch heute nicht absehbar sind. Nach den historischen Wurzeln von umweltrelevanten Entwicklungslinien zu fragen bedeutet also auch, nach Fehlern wie nach klugen Entscheidungen in der Vergangenheit zu fragen. Allerdings führt das Werturteil sofort zum Problem des Bewertungsmaßstabes. Nicht nur Sensibilitäten und Empfindlichkeitsschwellen verschieben sich mit den Zeitläuften, sondern auch die Ansichten und das Wissen über naturale Zusammenhänge. Von entscheidender Bedeutung für die Bewertung, ab wann etwas sich zum Schlechten oder Guten entwickelt hat, ist das jeweilige, meist stillschweigend unterlegte Naturkonzept (Abb. 1.1).

Schließlich muss man sich bei der Suche nach Erstereignissen vergegenwärtigen, dass alle prozessualen Vorgänge komplexe und damit kausal nicht vorhersagbare Entwicklungen in der Zeit (Evolutionen) sind. Sie unterliegen strukturellen Prinzipien, oder Ordnungsweisen, wie etwa das Beispiel der Landungen von James Cook auf Hawaii im Januar und Februar 1779 mit ihren jeweils unterschiedlichen Verläufen lehrt. Das einmalige Ereignis ist ohne die im Beispiel wirkenden kulturellen Strukturen undenkbar (Sewell 2001). Wahrgenommene Ereignis- oder Handlungsfolgen in Evolutionen stellen Artefakte dar, die durch Herauslösung eines Momentes aus dem Gesamtverband eines eigentlich kontinuierlichen Vorgangs entstehen. Aus Gründen der Komplexitätsvereinfachung markieren Erstereignisse einen begründbaren, aber willkürlich gesetzten Beginn einer spezifischen Abfolge in einem Handlungs- bzw. Ereigniskontinuum. Dabei führt die Eigenschaft evolutiver Abläufe zu spezifischen erkenntnistheoretischen Problemen (s. o. und s. u. Abschn. 2.2).

Wege zum Erst- und zum Anfangsereignis

2.1 Wie findet man einen Anfang?

Ein Anfang wäre am sichersten durch Rückwärtsgehen zu finden, nur ist nicht klar, ob dabei wirklich und wahrhaftig derselbe Weg zurückverfolgt wird, der in die Gegenwart geführt hat.

In der Bronzezeit beginnt der Silberbergbau im Harz, der zunächst sicher nur sehr beschränkte und für die Umwelt zu vernachlässigende Folgen hatte. Die Intensivierung des Erzabbaus und dessen Verhüttung setzte in der Folgezeit auch die schädlichen Begleitmetalle über die erosionsexponierten Abraumhalden und während des Verhüttungsprozesses frei. Gelegentlich wurde übersehen, dass die Oberflächenakkumulation bergbaubegleitender anorganischer Elemente, wie Kupfer, Arsen, Blei oder Quecksilber u. ä. ihre lebensabträgliche Giftigkeit niemals verlieren.

Die vielhundertjährigen Bergbauaktivitäten im Harz wurden in der frühen Neuzeit durch Klagen über prekäre Zustände unüberhörbar, weil über die saisonalen Schmelzwässer der Innerste ein Schwermetalleintrag in das Leinetal erfolgte, sodass in den Flussauen bis nach Hildesheim keine Vieh- und Geflügelhaltung möglich war. Menschen bekamen beim Durchwaten des Auewassers Ausschläge und Geschwüre. Die Ursachen wurden vom Botaniker Meyer (1822) aufgedeckt und man begann mit Gegenmaßnahmen, die bis in die Gegenwart reichten (Hennighausen 2001). Selbstverständlich beginnt die hier verfolgte Kausalkette mit der ursprünglichen Entscheidung, das Silber im Harz abzubauen. Allerdings musste man um dessen Existenz vor Ort wissen, also bereits frühere Prospektion betrieben haben. Und wer kam überhaupt auf die Idee, Silber als Schmuckmetall bzw. Währung zu nutzen? Ab wann wurden die Verhältnisse abträglich und unerträglich? Welche Nachteile hatten Flora, Fauna und die Agrarproduktion der

Region, nicht nur des Innerstetals, über die Jahrhunderte zu ertragen? Waren die Nachteile bekannt und hat man sie evtl. verschwiegen? Folgen und Nebenfolgen, wohin man schaut, Versuche des Gegensteuerns, wobei die Ersturache mitunter gar nicht mehr im Blick oder die strukturelle Beseitigung ihres gegenwärtigen Zustands unmöglich ist, denn der Schwermetallschleier findet sich bis heute in den Sedimenten der Weser bis zu ihrer Mündung.

Von ähnlich grundsätzlicher Problematik zeugen auch die Folgen des Silberbergbaus in der Freiberger Gegend in Sachsen. Dort führten die Klagen von Anliegern über den „Hüttenrauch", also die Immissionen aus der Verhüttung des Silbererzes, nach 1849 (wahrscheinlich beschleunigt durch das Umfeld der 1848er Revolution) zu ersten Reaktionen der Landesverwaltung, die am Ende (1889) zur Errichtung des seinerzeit höchsten Schornsteins Europas führte (Halstenbrücker Esse, 140 m; Andersen et al. 1986). Es gab zwar schon frühere Versuche hier und da in Europa und auch in der Freiberger Gegend, schädliche Immissionen durch höhere Schornsteine vom Ort ihrer Entstehung wegzuführen, doch der mit der Halstenbrücker Esse realisierte Ferntransport der Schadstoffe machte nun eine Rückführung auf ihren Erzeuger, eine Bedingung für Entschädigungsansprüche, seinerzeit unmöglich. Das für nahezu ein Jahrhundert weltweit erfolgreiche Verfahren zur Umgehung der Verursacherhaftung war geboren. Der ab 1972 höchste Schornstein der Welt (381 m) gehört zur Nickelmine der Fa. Inco in Sudbury (Kanada); seit 1987übertrifft ihn mit 420 m derjenige des Kohlekraftwerks Ekibastus, Kasachstan, die letzten beiden Dinosaurier zweifelhafter Entsorgungspolitik.

Die absichtsvolle wie unbeabsichtigte Freisetzung lebensabträglicher anorganischer Verbindungen nimmt sich im Verhältnis zu den späteren Freisetzungen organischer Verbindungen geringfügig aus. Nachdem Friedrich Wöhler 1828 eine der ersten biochemischen Verbindungen synthetisierte, wurde die sich entwickelnde Organische Chemie zu einem Hauptmotor des wirtschaftlich-technologischen Fortschritts, zunächst vor allem im euro-amerikanischen Wirtschaftsraum. Heute ist sie es weltweit. Als zunächst nicht erkannte und dann unerwünschte Begleiterscheinung mancher organischer und metallorganischen Verbindungen gelten die Ökotoxizität und Persistenz eines Stoffes und ihr Potenzial, sich in Lebewesen anzureichern, begünstigt auch durch Eigenschaften, über weite Strecken transportiert werden zu können. Heute gelten die Persistenten Organischen Schadstoffe (Persistent Organic Pollutants, POPs) als besonders gefährlich, weil ihre Verteilung und ihr Verbleib in der Umwelt nicht zuverlässig vorhersagbar sind, sie auch entlegene Ökosysteme erreichen und ihre Anreicherungen über die Nahrungsnetze bei chronischer Exposition zu Schadwirkungen im Endverbraucher führen können. Die schädlichsten POPs sind heute mit der

2.1 Wie findet man einen Anfang?

Stockholm Konvention verboten bzw. in ihren Anwendungen strikt begrenzt worden (http://chm.pops.int/default.aspx). Hierzu gehören überwiegend Insektizide wie Lindan und DDT. DDT hat durch das Buch der Biologin Rachel Carson (1962) besondere Aufmerksamkeit erhalten, in dem sie vor einem allgemeinen Singvogelverlust warnte. DDT wird über die Nahrungsnetze angereichert und hat im Endverbraucher eine hormonähnliche Wirkung (sogen. endokriner Disruptor), bei Vögeln u. a. in Form verminderter Eiwandstärke, wodurch die Eier während des Brütens zerbrechen und zudem die Insekten zur Aufzucht der Jungvögel fehlen. Zu befürchten war deshalb u. a. ein „Stummer Frühling".

Grundsätzlich ergeben sich für die umwelthistorische Betrachtung andere Anfangsoptionen als in jenen Geschichtsauffassungen, die sich selbst auf die Darstellung menschlichen, meist individualisierten und intentionalen Handelns beschränken. Dabei wird eine besondere Problematik offenbar. Die im Rahmen einer historischen Beobachtung freigelegten Handlungsalternativen der historischen Akteure bilden in Wirklichkeit eine Projektion der Handlungsalternativen, wie sie Historiker in der betreffenden Lage wahrnehmen, in die Vorstellungswelt des historischen Akteurs hineinlesen sowie eine vom Historiker hergestellte Verbindung der äußeren Handlungsweise des Akteurs mit dem inneren Akt der Wahl zwischen angeblich vorhandenen Alternativen (Kondylis 1999, S. 169). Die historische wie die naturwissenschaftliche Erzählung ist immer die Hervorbringung eines Sachverhaltes durch die subjektive Position des Wissenschaftlers (Knorr-Cetina 2016, S. XI–XXI, 50–52, 247–252). In der Umweltgeschichte ergibt sich erkenntnistheoretisch nun eine besondere Komplizierung, weil die Rekonstruktion eines naturalen Sachverhaltes anderen methodologischen Voraussetzungen unterliegt als diejenige eines soziokulturellen. Naturwissenschaftliche Aussagen sollten dem deduktiv-nomologischen oder dem induktiv-probabilistischen Gesetzesschema genügen, während in den Geistes- und Sozialwissenschaften praktische Schlüsse entscheidend sind (s. u. Abschn. 2.2). Deshalb ist es erforderlich, die unterschiedlichen Methoden der Erfassung von Wirklichkeit und Wahrheit in diesen Bereichen angemessen zusammenzuführen. Die historisch arbeitenden Naturwissenschaften vertrauen dabei auf die Setzung, dass die gegenwärtig zu beobachtenden Prozesse in der Natur auch in der Vergangenheit und in derselben Weise abgelaufen sind. Demgegenüber haben es historisch arbeitende Sozial- und Kulturwissenschaftler mit historischen Akteuren zu tun, deren Motive und Handlungen als durch Kontexte wandelbarer erscheinen.

Alles menschliche Handeln ist auf seine Konkretisierung in einem bestimmten Kontext ausgerichtet. Handlungen sind abhängig von einer Vielzahl von Motiven, Gelegenheiten, Randbedingungen, Möglichkeiten, Zufällen usw. Daraus ergibt sich eine unaufhörliche Abfolge von einmaligen Momenten, die wahrscheinlich sämtlich als Anfänge betrachtet werden könnten. In den Wirklichkeitsmodellen der Wissenschaft werden diese Momentabfolgen vereinfachend als auf einem Richtungspfeil angeordnet gedacht und in ein Flussdiagramm eingefügt. Diese Richtungspfeile sollen Zusammenhänge und Wechselwirkungen in kybernetischen Modellen beschreiben, deren grafisches Konzept wahrscheinlich auf den Funktionskreis von Uexkülls zurückgeht (1921, S. 63).

Wird z. B. die Frage gestellt, was den Anfang der Industriellen Revolution markiert – unzweifelhaft ein umwelthistorisches Kardinalereignis – und konzentriert man diese Frage auf die energetischen Aspekte, ergibt sich für den WBGU (2011) der in Abb. 2.1 dargestellte Zusammenhang. Die hier vorgenommene Unterteilung der Wirkungen in Ermöglichungen und Nachfragen ergibt sich aus der Setzung der Dampfmaschine als Initialereignis und der Eisenbahn als nachfolgender Verbesserung der Infrastruktur. Nun konzentriert sich das Diagramm auf die Beschleuniger der Industriellen Revolution. An ihrem Anfang könnten auch die Schifffahrt mit der Erfindung der Kogge oder des Linienschiffs stehen, die Ausbeutung der Kohle- oder Eisenerzvorkommen, der Beginn technologischer Prozesse mit der Verwendung von Holzasche, die Wandlung sozialer Strukturen in der Protoindustrialisierung usw. Es kommt auf die Perspektive- d. h. die jeweiligen wissenschaftlichen Hypothesen- an, die der Frage nach einem Anfang unterlegt ist.

Derartige Diagramme stellen Beziehungen zwischen Einflussgrößen her und beanspruchen, ein besseres Verständnis von Entscheidungsabläufen herzustellen und die ausgewählten Zusammenhänge bildlich einsichtiger zu machen. R. Brooke Thomas hatte 1976 die Nettoproduktivität einer sechsköpfigen Familie ermittelt (Abb. 2.2). In dieser klassisch gewordenen Analyse zeigte sich, dass u. a. die Entscheidungsfindung und Arbeitsteilung von besonderer Bedeutung waren. So wurde das risikobehaftete Hüten der Lamas dem 12-jährigen Sohn der Familie statt dem Vater übertragen, der dadurch für anspruchsvollere und körperlich anstrengende Arbeiten zur Verfügung stand. Den Risiken des Sohnes, bei der Hütearbeit abzustürzen, stand ein kalorischer Nettogewinn gegenüber, der sich aus der Arbeitsteilung zwischen Vater und Sohn ergab. Der kalorische Gewinn hätte zudem die energetischen Schwangerschaftskosten abgedeckt, die bei einem Ersatz des etwaig abgestürzten Sohnes erforderlich geworden wären. Einen Anfang kann es in einem solchen System nicht geben, es sei denn, dass die Sonneneinstrahlung als Anfang allen Lebens auf der Erde gesetzt wird (Abb. 2.2).

Beide Abbildungen (Abb. 2.1 und 2.2) dienen hier der Verdeutlichung der Problematik, wo und wie in einem fortschreitenden Prozessgeschehen ein Anfang zu ermitteln wäre. Je nach Perspektive, mit der auf den Prozess geschaut wird, je nach den gesetzten Rahmenbedingungen und Variablen ergibt sich ein neues mögliches Initialereignis, mit dem der Prozess in Gang kommt. Ist es der Wille

2.1 Wie findet man einen Anfang?

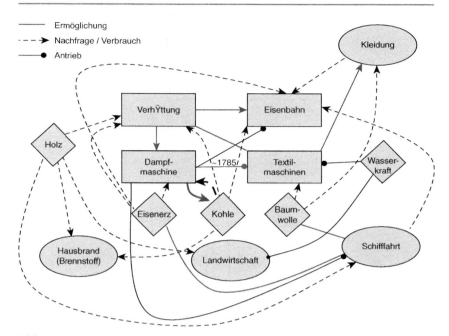

Abb. 2.1 Illustration zu den treibenden, interdependenten Faktoren der Beschleunigung der Industriellen Revolution (aus: WBGU Hauptgutachten 2011, Abb. 8.1-1). Eingebettet wären die Schlüsseltechnologien ihrerseits in ein Netzwerk wesentlicher Einflussgrößen ihrer Beschleunigung wie Mechanisierung des Webstuhls, Spinnmaschinen, Nachfrage nach Baumwolle, Schifffahrt für Handel und Sklavenwirtschaft. Eine endgültige Beschleunigung erfuhr der Prozess durch die Erfindung der Eisenbahn. Der WBGU weist in der Erläuterung zum Diagramm darauf hin, dass die Skizze weder erschöpfend sei noch der Komplexität des Gesamtbildes gerecht werde. Jede Entwicklung hätte soziale Implikationen und baute auf bestimmten sozialen und politischen Bedingungen auf, die hier nicht erwähnt werden (weitere Erläuterungen in WBGU 2011, S 352 ff.; http://www.wbgu.de/hauptgutachten/hg-2011-transformation/)

zweier Menschen, eine Familie zu gründen (Abb. 2.2), die eine Subsistenz benötigt? Sind es die sog. Marktkräfte, auf dem Früchte und Llamawolle verkauft werden können? Sind es fehlende Geburtenregelungen, Freude am Kindersegen oder eine soziale Rückversicherungsstrategie als Altersvorsorge über die Kinder, usw.?

War es die Dampfmaschine? Wäre man etwas später auch mit Wind- und Wasserkraft nicht zu ähnlichen Resultaten gelangt? Und welchen Einfluss hatte der kalorische Gewinn durch die Kartoffel, die z. B. zu dem beispiellosen Bevölkerungszuwachs im Irland des frühen 19. Jh. beitrug und deren Einsatz in der

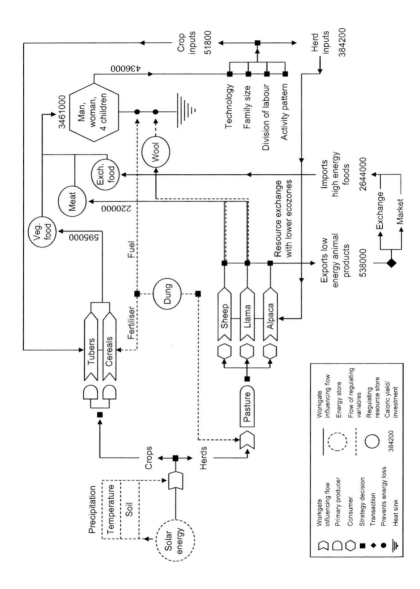

Abb. 2.2 Energieflussanalyse einer Nuñoa-Familie (quechuaprachliche Ethnie im Hochland von Peru; nach Thomas 1976, verändert, aus Schutkowski, 2006, S. 99). Thomas hat mit diesem Energieflussdiagramm die Nettoproduktivität einer sechsköpfigen Familie dargestellt

Fleischproduktion die Verbilligung derselben und damit die größere Erreichbarkeit von eiweißhaltigerer Nahrung im 19. Jh. ermöglichte?

Es ist sicherlich pragmatisch, Anfänge z. B. mit einer *Erfindung* zu setzen, deren lexikalische Definition „Einfall der schöpferischen Fantasie" lautet, „der nach den Naturgesetzen oder den Formgesetzen einer geistigen Wirklichkeit zu einem Ding oder Werk gestaltet wird." Von dieser unterschieden ist die „*Entdeckung* als eine (erstmalige) Wahrnehmung eines Sachverhaltes, einer Naturregel, oder eines gegebenen Dings für einen Kulturkreis" (beide Definitionen nach Brockhaus Lexikon 1989). Sowohl die Dampfmaschine in Abb. 2.1 als auch im weiteren Sinne die Anfangssetzung von Sonne, Klima und Boden als initial für den organismischen Energiefluss in Abb. 2.2 wären damit erfasst. Als dritte Kategorie sind *Ideen* zu nennen, deren Realisierung nicht als Erfindung gelten kann, etwa Johann Gottfried Tullas (1770–1828) (später realisierter) Vorschlag der Rheinregulierung. Eine vierte Kategorie möglicher Anfänge in der Umweltgeschichte bilden Ereignisse in der naturalen Umgebung, die den vorhersehbaren Ablauf im Kontinuum der unbelebten wie belebten Natur an einem bestimmten Ort unterbrechen. Gewöhnlich werden sie als *Extremereignisse*– vulgo: Naturkatastrophen – bezeichnet.

Auch sind- fünftens *Ereignismöglichkeiten* zu bedenken, über die als Ursachen bisher nur – wenn auch begründet – spekuliert werden kann. Dies betrifft u. a. sogenannte Schmetterlingseffekte. Sie können in dynamischen Systemen ihre Anfangsursache in z. B. kleinsten Bewegungen haben, etwa dem Flügelschlag einer Möwe, und ihr Ende in einem Tornado finden, zwischenzeitliche energetische Gewinne vorausgesetzt. Welche Bedeutung solchen Ereignissen, die in mathematischer Theorie gründen (Wehr 2002), aber experimentell nicht verifiziert sind, in der gegenständlichen Welt zukommt, ist nur spekulativ zu beantworten. Jedenfalls ist mit den zugrunde liegenden mathematischen Funktionen die Ableitung eines konkreten Anfangsereignisses ausgeschlossen. Hierzu gehören auch jene gleichförmigen komplexen materiellen Strukturen, die durch sogen. Selbstorganisation entstehen, etwa Erosionsformen. Organismisch finden sie sich auch in Organstrukturen (z. B. Bronchialsystem, Farnblatt) oder als Zuchtergebnis in Kultivaren (z. B. Broccoli).

2.2 Philosophische Grundlagen

Umwelthistorische Gegebenheiten sind in jedem Falle lediglich momentane Zustände in einem von Menschen „mit Sinn und Bedeutung bedachten endlichen Abschnitt aus der sinnlosen Unendlichkeit des Weltgeschehens", so Max Weber 1904 in seiner Begründung von Sinn als Kategorie sozialwissenschaftlicher

Erkenntnis (Weber 1988, S 180). Sie treten innerhalb von Entwicklungsreihen in der Zeit auf (z. B. Ontogenesen und Evolutionen). Ihnen liegen Ursachen zugrunde, die zeitlich vor dem Eintritt eines Ergebnisses auf einen Zustand wirken. Die Beziehung zwischen Ursache und Ergebnis (Wirkung) wird als Kausalität bezeichnet. Das Erstereignis bzw. Anfangsereignis wäre demnach das Ende einer retrograden Abfolge innerhalb einer Zustandsabfolge, von dem aus nicht mehr sinnvoll auf eine frühere, das Endergebnis wesentlich beeinflussende Ursache geschlossen werden kann. Gehen von den Elementen einer solchen Abfolge Wirkungen aus, die den jeweils zeitlich späteren Zustand zur Folge haben, ergäbe sich eine Kausalkette, wie es etwa das Kugelstoßpendel für den Impulserhaltungssatz mit seiner *Monokausalität* veranschaulicht. Umwelthistorische Gegebenheiten weisen weitaus komplexere Kausalbeziehungen auf, sodass grundsätzlich von *vielfältigen Kausalitäten* auszugehen ist.

Ernst Bernheim will den Kausalitätsbegriff auch für die Geisteswissenschaften in Anspruch nehmen. Für ihn ist „naturgesetzliche (nomologische) Erkenntnis ... nur anwendbar auf die Erscheinungen, welche oder soweit sie als nicht modifiziert durch örtliche und zeitliche Bestimmtheit anzusehen sind, d. h. soweit ihre qualitativen Differenzen für den jeweiligen Erkenntniszweck als unwesentlich gelten" (Bernheim 1908, S. 106). Kausalvorstellungen werden nach ihm überall dort entwickelt, wo es um die Erkenntnis der Zusammengehörigkeit von Dingen der Erscheinungswelt geht. In der Geschichtswissenschaft geht es nicht um mechanische Kausalität, sondern um psycho-physische Kausalität, die sich auf die menschliche Natur sowohl der Individuen als auch von Kollektiven beziehen kann (Bernheim 1908, S. 104 f.). Der Begriff der Psychologie steht in der Zeit Bernheims für alles, was sich auf individuelle und gesellschaftliche Einstellungen und Gefühle, kurz: Mentalitäten bezieht (S. 113–115). Allerdings grenzt sich Bernheim von der zeitgenössischen Soziologie ab, insbesondere der positivistischen, statistisch argumentierenden und soziale Gesetze formulierenden, da diese Soziologie das Individuum und seine schöpferischen Leistungen vernachlässige, die das wesentliche Erkenntnisziel der Geschichtswissenschaft seien (S. 94–99, 121–128). Für Bernheim stellt das Individuum als Zielpunkt der geschichtswissenschaftlichen Analyse die entscheidende qualitative Differenz der Geschichtswissenschaften zu den Natur- und Sozialwissenschaften dar. Ursachen können erst nach der tatsächlichen Realisierung regressiv erschlossen werden. Es können gleiche Wirkungen aus verschiedenen Ursachen erzielt werden wie auch eine Ursache sehr unterschiedliche Wirkungen haben kann (S. 116–118). Die Geschichtswissenschaft ist für Bernheim wesentlich die Erkenntnis bezweckter Handlungen und kann daher als teleologisch

2.2 Philosophische Grundlagen

bezeichnet werden (S. 132–134). Natürliche, auch räumlich-geografische Umstände sind durchaus wichtig für die Geschichtswissenschaft. Aber erst wenn das menschliche Individuum als Katalysator die Natur erkennend sich angeeignet hat, werden sie als Handlung historisch wirkmächtig und damit Gegenstand der Geschichtswissenschaft. Diese maßt sich nicht an, über natur- oder sozialwissenschaftliche Zusammenhänge zu urteilen, beansprucht aber gleichwohl, über Ursachen historischer Ereignisse wissenschaftlich fundierte Aussagen machen zu können.

Es ist erstaunlich, in wie vielen Hinsichten Bernheim Aussagen vorwegnimmt, die bei Georg Henrik von Wright wieder zu finden sind. Dieser reduziert in Anschluss an Wilhelm Windelband, Johann Gustav Droysen und Wilhelm Dilthey die methodologischen Gegensätze auf die Dichotomie von Erklären und Verstehen (Wright 1974, S. 18 f.), auf ein subsumptionstheoretisches Gesetzesschema nach Carl Gustav Hempel, das deduktiv-nomologische und induktiv-probabilistische Schemata umschließt, und praktischem Syllogismus für teleologische Erklärungen in den Geistes- und Sozialwissenschaften (S. 36 f.). Für von Wright ist klar, dass kausale Erklärungen, die mit hinreichenden Bedingungen argumentieren und damit für Prognosen tauglich sind, für historische und sozialwissenschaftliche Forschung nicht unmittelbar bedeutsam sind. Wie Bernheim problematisiert er statistische Aussagen in ihrer Zuverlässigkeit und daher Anwendbarkeit auf individuelle Handlungen. Schließlich ist er ebenfalls der Auffassung, „... daß man Kausalvorgänge in der Natur und ... Kausalvorgänge im Bereich individueller und kollektiver Handlungen als zwei völlig verschiedene Dinge auseinanderhalten sollte". Diese Aussage richtet sich vor allem gegen jegliche Art von Determinismus hinsichtlich menschlicher Handlungen, wie sie z. B. in Spielarten des Marxismus zu beobachten ist (S. 125, 145–147; ähnlich Osterhammel 2007).

Von Wright führt den Begriff der (quasi-)teleologischen Erklärung ein, um sich dem Problem von Wahrscheinlichkeitsaussagen zu nähern. Er beschreibt am Beginn zwei Haupttraditionen der Theoriebildung, die er als aristotelisch und galileisch bezeichnet und damit die teleologische wie finalistische gegen eine Tradition kausaler sowie mechanistischer Erklärung setzt. In der ersteren Tradition stehen alle Versuche, Funktionen, organische Ganzheiten, aber auch Zielintendiertheit bzw. Intentionalität zu beschreiben. Notwendige, mit einer gewissen Wahrscheinlichkeit eintretende Bedingungen können nicht für Prognosen verwandt werden, aber für Retrodiktionen. Diese sind als quasi-teleologische Erklärungen besonders in der Biologie bzw. zur Beschreibung von Regelsystemen verbreitet, wobei die Funktion eines Systems als zielgerichtet zu gelten hat (S. 24–31, 63). In den Lebenswissenschaften wird allerdings von teleonomischen Erklärungen gesprochen, um externe Zielsetzungen oder Handlungsintentionalität auszuschließen.

Retrodiktionen sind ebenfalls für historische oder psychologische Erklärungen von Belang. Bernheim hatte ja das Verfahren der Geschichtswissenschaft als r e g r e s s i v e A n a l y s e bezeichnet, ohne allerdings auf das bekannte Diktum Friedrich Schlegels im 80. Athenäums-Fragment Bezug zu nehmen, das den Historiker als rückwärtsgewandten Propheten bezeichnet. Bernheim hatte aber auch deutlich gemacht, dass im Gegensatz zur Soziologie, die das Individuum und seine schöpferischen Leistungen vernachlässige, die Geschichtswissenschaft gerade in diesen ihr Forschungs- und Erkenntnisziel sieht. Dabei sieht Bernheim aber durchaus Unterschiede in der Ausrichtung der damaligen Soziologie (Bernheim 1908, S. 97 f.)

Nicolai Hartmann hat im Anschluss an Leukipp und Demokrit die zunächst widersprüchlich erscheinende These vertreten, dass auch der Zufall den Naturgesetzen unterliege:

„1. Alles, was in der Natur geschieht, beruht auf dem Zusammentreffen der Bedingungen (contingentia), ohne Vorbestimmung. Es geschieht also „zufällig".
2. Alles, was „zufällig" geschieht, kann aufgrund des Vorausgehenden nicht anders ausfallen, als es ausfällt. Es geschieht also notwendig.
3. Alles, was notwendig geschieht, geschieht in seiner Vollständigkeit nur einmal, es ist qualitativ individuell. Diese Individualität hat es nicht aufgrund eines Prinzips, sondern aus dem Realzusammenhang heraus.
4. Alles, was einmalig geschieht, steht gleichwohl in allen seinen Einzelbestimmungen unter allgemeinen Prinzipien. Es hat also nichtsdestoweniger auch die Wesensnotwendigkeit des streng Allgemeinen in sich. Dieses streng Allgemeine ist die Naturgesetzlichkeit" (Hartmann 1980, S. 399–400).

Ein Verständnis des Widerspruches erschließt sich dann, wenn bedacht wird, dass von einem Zufallsereignis aus retrospektiv kausale Erklärungen gefunden werden können.

Während von Wright unterschiedliche Begründungsverfahren auflistet, aber letztlich an der Dichotomie von Erklären und Verstehen festhält, entwirft Karl-Otto Apel ein pragmatistisches, an Charles Sanders Peirce orientiertes Programm (z. B. Peirce 1967), das jenseits der Subjekt-Objekt-Dichotomie eine dreistellige Zeichenrelation und die Kommunikationsgemeinschaft an die Stelle des (kantischen) transzendentalen Subjektes einführt (Apel 1981, S. 157–219). Damit werden Kausalitätsvorstellungen Ergebnis eines Aushandlungsprozesses und zeigen die Unterschiede epistemischer Kulturen auf, wie sie seit langer Zeit als konstitutiv für unsere Vorstellungen von Wirklichkeit und Wahrheit angesehen werden (Knorr-Cetina 2016, S. XVI f.). Wirklichkeitsfeststellungen und Wahrheiten sind damit

2.2 Philosophische Grundlagen

solche auf Zeit und können keine universelle Geltung beanspruchen. Allerdings sollten zumindest die methodischen und methodologischen Regeln zu ihrer Formulierung einvernehmlich sein. Wäre das nicht der Fall, wäre jeglicher Wirklichkeits- und Wahrheitsfeststellung die gemeinsame Grundlage entzogen und damit vernünftiges Argumentieren nicht mehr möglich.

Es gibt Versuche, diese Trennung, die auch als *désolidarisation de l'homme et de l'univers* gesehen wird (Vasak 2007, S. 12), zu überwinden bzw. neue Ordnungsvorschläge, die neben die *res extensa* und die *res cogitans* die *res vivens* stellen wollen, nicht im Sinne eines Neovitalismus, sondern um die Lebensphänomene aus der schroffen Entgegenstellung von Materie und Geist herauszunehmen. Dabei spielt der Begriff der Selbstorganisation in organischen Systemen eine herausragende Rolle (Cheung 2008). Nun hatte Arthur Schopenhauer in seiner *Kritik der kantischen Philosophie* den Satz vom Grunde und die Kausalität gegen den Begriff der Wechselwirkung ausgespielt, den er für zwar modisch, aber als Ungedanke und falsch ansah. Ursache und Wirkung wären immer in einer Zeitfolge, die bei der Wechselwirkung aufgehoben wäre, da beide sowohl das Frühere und Spätere seien. Jede Wechselwirkung müsse daher in eine abwechselnde Folge sich bedingender Zustände und folglich mit der einfachen Kausalität beschreibbar sein, sei also als Begriff überflüssig (Schopenhauer 1982, S. 617 f.). Nun hatte Schopenhauer bei dieser Kritik nicht im Blick, dass erstens dem Begriff der Wechselwirkung ein Systembegriff zugrunde liegt, der die einzelnen systemaren Zustände nicht kausal zuordnen will, sondern nur einen Anfangs- und Endzustand definiert, der zweitens mit einer zu definierenden Wahrscheinlichkeit eintritt. Was zwischen Anfangs- und Endzustand sich ereignet, wird im Dunkeln gelassen. Mit einem solchen Systembegriff wird daher die klassische Kausalitätsvorstellung verlassen, da bestimmte Zustände als nicht weiter kausal erklärbar angesehen werden und zudem die für die klassische Kausalität erforderliche hinreichende Bedingung durch notwendige Bedingungen ersetzt wird, die ihrerseits nur mit einer gewissen Wahrscheinlichkeit ein bestimmtes Ergebnis herbeiführen.

Systeme können keine Aussagen über ein individuelles Ereignis machen, sondern lediglich mit zu bestimmender Wahrscheinlichkeit ein einzelnes Ereignis als zukünftig eintretend ausweisen. Das beste Beispiel sind erdphysikalische Systeme, deren chaotisches Verhalten uns täglich in den Wetterprognosen entgegentritt. Systeme können gleichwohl – ähnlich Strukturen (Carnap 1928, S. 13–21, bes. 17) – das Spiel möglicher Handlungen beschränken und damit der Kontingenz kultureller Gestaltungen, der radikalen Historisierung Grenzen aufzeigen (Breidbach 2011, S. 241–262). Es sollte aber klar sein, dass solche Beschränkungen nicht deterministisch verstanden werden können. Es geht um das Spiel von Struktur (System) und Ereignis. Das z. B. biologische System gibt Dinge vor, die den Möglichkeitshorizont einschränken.

Die radikale Historisierung sieht alles als zufällig an. Kontingenz ist im Gegensatz (oder besser: in Ergänzung) zum Zufall ein offener Horizont von Möglichkeiten, begrifflich das Abstraktum zum Zufall, der Zufall das einzelne Ereignis.

Systeme verändern sich laufend und haben daher keinen Anfang und kein Ende. Anfang und Ende müssen zu Forschungszwecken präzise bestimmt werden, um quantifizierbare und klare Aussagen zu ermöglichen. Systeme sind daher wissenschaftliche bzw. heuristische Fiktionen, die methodisch voraussetzungsvoll sind, was bei dem Gebrauch dieses Begriffes häufig nicht bedacht wird. Von Wright hat in einer Kausalanalyse gezeigt, dass ein geschlossenes System nur dann als solches zu gelten hat, wenn es keine außerhalb des Systems vorkommende hinreichende Antecedens-Bedingung besitzt (Wright 1974, S. 58, 63). Die methodisch schwierige Sicherstellung dieser Bedingung ist erforderlich für die korrekte Ergebnisse ermöglichende Bestimmung von Systemgrenzen.

Umweltgeschichte muss unterschiedliche Methoden und Aussageformen miteinander verknüpfen, wobei für die meisten ihrer Gegenstände die naturwissenschaftliche bzw. mechanistische Kausalität im strengen Sinne weniger bedeutsam ist als die quasi-teleologischen bzw. teleonomischen Schlüsse, die sich z. B. auf Ökosysteme beziehen. Für menschliche Akteure gelten praktische Schlüsse, die den Bedingungen einer naturwissenschaftlichen oder teleonomischen Erklärung nicht genügen. Es besteht keine Hierarchie unter diesen Erklärungsarten, da sie jeweils ihre eigenen empirischen und logischen Voraussetzungen haben. Ursachen und damit Anfänge einer Entwicklung sind Fiktionen, die im Rahmen der jeweiligen Methodologien als plausibel erscheinen.

Das Grundproblem scheint uns in der von Georg Henrik von Wright (1991) vorgetragenen Unterscheidung von Verstehen und Erklären zu liegen. Das naturwissenschaftliche Erklären geht von einer Beobachtung aus und stellt Bedingungen fest, die ein bestimmtes, messbares und reproduzierbares Ergebnis herbeiführen. Dieses Ergebnis lässt sich *ceteris paribus* universell reproduzieren. Zugleich erlaubt es eine mehr oder weniger zuverlässige Prognose, sofern jene Bedingungen erfüllt werden, je nachdem ob es notwendige oder hinreichende Bedingungen sind.

Der Historiker bzw. der Sozialwissenschaftler geht umgekehrt vor: Er hat ein bestimmtes Ereignis, eine Erfahrung, zu der er die Bedingungen sucht. Bis hierher gleichen sich die Vorgehensweisen. Aber die Aussagen eines Historikers über die Kausalität lassen sich nicht in Prognosen verwandeln. In der Sache wird deutlich, dass soziale (historische) Ereignisse nicht so isolierbar sind, dass eine prognosefähige Kausalität (re)konstruierbar wäre. Man kann versuchen, dieses Dilemma mit Wahrscheinlichkeiten einzufangen, d. h. soziales Verhalten als statistisch diskriminierbar und vorhersagbar zu konzipieren. Hierzu bedürfte

2.2 Philosophische Grundlagen

es einer Massenstatistik gleichartig gelagerter Fälle, wie sie ansatzweise in der seriellen Geschichtsschreibung möglich scheint. Doch auch hier bleibt es bei der bernheimschen Aporie: Individuelles Verhalten lässt sich nicht vollständig auf eine statistisch nachweisbare Regelmäßigkeit zurückführen.

In der Geschichtswissenschaft wird mit Regeln menschlichen Verhaltens gerechnet und argumentiert, die als solche häufig nicht weiter begründet werden. Es handelt sich einerseits um Grundbedingungen menschlichen Lebens, wie sie von der philosophischen Anthropologie beschrieben werden (Plessner 1975, S. XIII–XXVIII), andererseits um Mentalitäten, Verhaltenseinstellungen, die über die Erziehung und gesellschaftliche Regeln gelernt und weitergegeben werden. Soziobiologische Überlegungen sind in Fragen der philosophischen Anthropologie einzubeziehen (Voland 2009; Cranach et al. 1979). Menschen haben zu allen Zeiten über ihre Tugenden und Laster, über ihr und das Verhalten der anderen nachgedacht und empirisch begründete Hypothesen dazu gebildet, die sie dazu befähigen, mit den Risiken des Zusammenlebens und der Kommunikation umzugehen. Bernheim sprach um 1900 von psychologischen Kausalgesetzen, die allerdings nicht als solche Gegenstände historischer Erkenntnis sein sollten (Bernheim 1908, S. 114 f.).

Wahrscheinlichkeit hat sich vom Geruch des Unwahren befreit und ist eine akzeptierte Argumentationsfigur in allen Wissenschaften. Während Aristoteles die Wahrscheinlichkeit (verisimile) als Kennzeichen der soziopolitischen Kommunikation ansah, in der auch unterschiedliche Meinungen Geltung beanspruchen können, und sie gegen die Notwendigkeit natürlicher Phänomene absetzte, wird um 1700 ein Begriff der Wahrscheinlichkeit (probabilitas) etabliert, der sowohl die Naturwissenschaft als auch die Geisteswissenschaften umfasst. Das alte topische Verständnis der Wahrscheinlichkeit, wie es bei Aristoteles und bis in die Neuzeit greifbar ist, weicht einem Wirklichkeitsverständnis, das allenthalben diese mit dem Wahrscheinlichen einssetzt (Campe 2002). Statistik in seiner ursprünglichen Bedeutung als Wissenschaft der unterschiedlichen staatlichen Verhältnisse wird von Kant und Voltaire als Hilfsmittel der Geschichtsdarstellung gesehen (Campe 2002, S. 397–399).

Gerade die Geschichte der Biologie zeigt, dass sich diese methodologisch von Beginn an jenseits der mechanischen Kausalität positioniert hat und für Organismen zwar Kausalität kennt, aber diese – zunächst ganz im Sinne Uexkülls – als individuell gesondert sieht (Hacking 1990, S. 14 f.). In der Rezeption uexküllscher Einsichten ist dieser subjektive Ansatz kritisiert und abgeändert worden, weil erst die grundsätzliche Übertragbarkeit des Individualbefundes auf andere Individuen einer Art oder andere Verhaltenssituationen in ein theoriegeleitetes Lehrgebäude einer Biologie führen kann (Mildenberger und Herrmann 2014).

Es wäre zu fragen, ob jenseits einer beschreibenden Naturgeschichte, wie sie bis in das 19. Jahrhundert üblich war, gerade die Verbindung biologischer Grundlagen und historischer Erklärung zu einer neuen Art der Naturgeschichte führt. Eine Naturgeschichte dieser Art sollte zunächst erdphysikalische Gegebenheiten in der Geschichte, Floren- und Faunengeschichte einschließlich z. B. der historischen Demografie behandeln, um dann zu sozioökonomischen Strukturen zu kommen, die ihrerseits auch, aber nicht nur eine naturale Grundlage (Rohstoffe, Energieangebot usw.) haben. Eine solche Naturgeschichte wäre nicht mehr die vielfach beliebige Zusammenstellung von Dingen als früher gültiges Bild der Empirie und der Geschichte, die beide des wissenschaftlichen Zusammenhanges entbehren, sondern der Versuch, eben solche Zusammenhänge zwischen natürlichen und sozioökonomischen Gegebenheiten aufzuzeigen. Dass dabei eine materialistische Sicht der Dinge vorherrschend erscheint, ist unvermeidlich, sollte aber nicht zu einem Determinismus führen, der Freiheitsgrade menschlichen Handelns vollkommen in Abrede stellt. An dieser Schnittstelle liegen Potenziale der Umweltgeschichte, die bisher unzureichend ausgeschöpft worden sind.

2.3 Prozessuale Grundlagen

Unumkehrbarkeit, Irreversibilität, ist eine von zwei konstitutiven Eigenschaften evolutiver Prozesse. Manche Entwicklungen in der Umweltgeschichte gelten als reversibel, vor allem solche anthropogen-technischen Ursprungs. Es handelt sich dabei im streng logischen Verständnis allerdings nur um eine scheinbare Reversibilität, denn es werden nur Folgezustände auf ihren jeweils angenommenen Anfangszustand zurückgeführt. In den meisten Fällen war der Ausgangszustand in seiner Komplexität nur unzureichend, vage oder gar nicht bekannt. Die vermeintliche Rückführung bezieht sich dann nur auf wenige sichtbare bzw. symbolische Faktoren oder wird durch bloße Beseitigung einer für schädlich erklärten Folge vorgeblich erreicht. Eine detaillierte Rückführung aller Zwischenschritte und Folgen wie Nebenfolgen ist theoretisch wie praktisch ausgeschlossen. Ähnlich wie in anderen Fällen der Herstellung historisch verbürgter Authentizität muss klar sein, dass es sich in diesen Fällen um die Herbeiführung eines neuen Zustandes handelt.

Die zweite konstitutive Eigenschaft evolutiver Prozesse ist ihre Unvorhersagbarkeit. Sie können entweder wegen der Beteiligung organismischer Einheiten oder wegen des nur wahrscheinlichen Auftretens physikochemischer Kräfte im Zusammenspiel mit gesellschaftlichen Entscheidungen eine qualitative Änderung oder Beschleunigung erfahren. Das Gedankenmodell hierzu liefert die Theorie des

2.3 Prozessuale Grundlagen

Punktualismus (nach Eldridge und Gould, ab 1972), mit deren Hilfe begreifbar wird, dass in stabilen Evolutionen durch Ausbrüche evolutiver Veränderungen neue Zustandsbilder entstehen können. Eine dem Punktualismus vergleichbare Beobachtung für kulturelle Systeme veröffentlichte Alfred Kroeber 1944. Er untersuchte „pulses and lulls" (Impulse und Flauten) (1944, S. 761 ff.) in der kulturellen Entwicklung weltweit, jedenfalls soweit es für die Geschichte kultureller Entwicklungen zum damaligen Zeitpunkt möglich war. Dabei bezog er sich auf kulturelle Errungenschaften in zahlreichen kreativen Feldern. Seine Monografie wurde als weiterer vergeblicher Versuch abgetan, „Gesetzmäßigkeiten in der Geschichte aufzudecken" (Leslie White 1946), ein Urteil, dass auch auf einem Streit zwischen zwei wissenschaftlichen Schulen zurückgeht. Dies lenkt zunächst von Kroebers Hauptaussage ab, wonach es weltweit Phasen kulturell beschleunigter und Phasen verlangsamter Kulturentwicklung gegeben hätte, die schwerlich zu synchronisieren wären. Whites Urteil ist insofern überraschend, als er selbst Kulturen als thermodynamische Systeme interpretierte, also als Anpassungsleistungen, die kulturell übergreifend Energieflüsse auf spezifische Weise moderieren. White (1945) unterschied zudem zwischen „Geschichte" als zeitlicher Abfolge einzigartiger Ereignisse und „Evolution" (auch „science") als zeitlicher Abfolge von „Gestalten" („forms"), was in diesem Zusammenhang wohl auch als Struktur übersetzbar ist. Sie würden sich nach White zu Klassen von Phänomenen verbinden lassen, unabhängig von Zeit und Ort, womit letztlich nur Organisationspläne kultureller wie organismischer Art gemeint sein können. An dieser Stelle wird nicht der Streit zwischen Kroeber und White entschieden, sondern es soll vielmehr an eine Auseinandersetzung mit jenen Gedanken erinnert werden, an welche die Umweltgeschichte auf der Suche nach Ordnungsprinzipien sich längst hätte erinnern und diese weiterführend aufnehmen sollen.

Gewiss sind in der Geschichte keine Entwicklungsgesetze nach Art der biologischen Evolutionslehre identifiziert, allererst, weil spezifische kulturelle Entwicklungen nicht monophyletisch auf einen gemeinsamen Ursprung zurückgeführt werden. Evolutionstheoretisch wäre dies allerdings anders zu bewerten, da für die heute lebenden Menschen eine gemeinsame Abstammung angenommen wird und Menschen kulturfrei nicht existieren können. Sie nahmen also während ihrer Evolution immer auch etwas von der Kultur der Vorfahren mit. Eine Suche nach Prinzipien stößt nicht nur an wissenschaftstheoretische Grenzen, sondern auch an wissenschaftsideologische, d. h. grundsätzliche Einstellungen jeglichen Wissenschaftlers, unsere eigenen eingeschlossen. Eine Vergleichbarkeit wäre durchaus gegeben, wenn man sich nicht auf historische Einzelereignisse und kulturelle Ausführungsdetails bezöge, sondern auf die Ebenen höherer Ordnung und damit auf vergleichbare *gesamtkulturelle Leistungsmuster* (s. u. Kap. 4).

Den Beginn neuer Zustandsbilder markieren Anfangsereignisse. Gelegentlich werden diese in der Umweltgeschichte missverständlich als „Wendepunkte" (turning points; Uekötter 2010) bezeichnet. Wendepunkte sind Orte einer Richtungsänderung. Epistemologisch setzt also ein Wendepunkt eine bestimmte Ereignisrichtung bzw. ein bestimmtes Geschichtsverständnis voraus, wonach innerhalb eines Prozesses mit bekanntem bzw. vorhersagbarem Verlauf (plötzlich) eine *Richtungsänderung* eingetreten wäre. Evolutionsverläufe (u. a. auch Sukzessionen in oder von Ökosystemen bzw. sozio-naturalen Systemen) haben jedoch weder eine vorherbestimmte Richtung noch ein vorgegebenes Ziel. Deshalb ist die Wendepunktmetaphorik in der Umweltgeschichte ein zweifelhaftes Interpretament und besser durch den neutralen Begriff des Anfangsereignisses zu ersetzen.

John McNeill (2010) hatte sieben Wendepunkte in den jüngsten einhunderttausend Jahren der Menschheitsgeschichte identifiziert, die er, die bis dahin abgelaufenen sieben Millionen Jahre Menschheitsgeschichte ignorierend, die „ersten einhunderttausend Jahre" nannte: 1) Die Nutzbarmachung des Feuers, 2) die Entstehung von Sprachen, 3) die Auswanderung aus Afrika und Besiedlung anderer Kontinente, 4) die Domestikation von Pflanzen und Tieren, 5) die Entstehung von Städten, 6) der Kolumbianische Austausch, 7) die Erschließung fossiler Brennstoffe. Tatsächlich ließen sich die hier aufgeführten sieben Sachverhalte auch und problemlos in ein lineares Fortschrittsmodell menschlicher Geschichte integrieren. Denn es handelt sich in allen Fällen um bloße, wenn auch komplexe Weiterentwicklungen, Aneignungen und Nutzungen naturaler Gegebenheiten durch eine biologische Art und ihrer stammesgeschichtlichen Ausstattung. Wirkliche Wendepunkte stellten die systematische Indienststellung von Organismen als Produktionsmittel (die Neolithische Revolution) und der Einsatz von technischen Produktionsmitteln dar, die als solche in der Natur vorbildhaft nicht vorkommen (die Industrielle Revolution). McNeills sieben Punkte sind zweifellos Entwicklungssprünge im Prozessgeschehen, Anfangsereignisse beschleunigender Entwicklungsschübe, von denen neue Entwicklungsmöglichkeiten ausgingen, die ein fortschrittsorientiertes Geschichtsmodell stützen. Dieser Eindruck verdankt sich allerdings nur der Zielgerichtetheit aller Abläufe von Prozessen in und von organismischen und sozio-naturalen Systemen. Diese Endgerichtetheit (Zielgerichtetheit, Teleonomie) ist von der Gerichtetheit bei Wirkursachen (Teleologie im aristotelischen Sinne) zu unterscheiden (Toepfer 2004, S. 73–75, 2011, S. 823–825; Pittendrigh 1958; Mayr 1979). *„Ein teleonomischer Vorgang oder ein teleonomisches Verhalten ist ein Vorgang oder Verhalten, das sein Zielgerichtetsein dem Wirken eines Programms verdankt"* (Mayr 1979, S. 207). Der Eindruck einer Gerichtetheit verdankt sich allein dem Zusammenwirken der systemischen Strukturen, deren biologische Komponenten unhintergehbar programmbasiert (DNA) funktionieren und die unter allen Realisierungsphasen den Prinzipien von Anpassung und Selektion unterliegen. Rein biologische Systeme prämieren im Ausleseverfahren Vorgänge *a posteriori* und setzen niemals zukünftige Ziele. Auch die von menschlichem Handeln bestimmten sozio-naturalen Systeme können die Bewertung ihrer intentionalen, d. h. interessengesteuerten Entwicklungen nur am gegenwärtigen Erfolg messen, der auf vergangenen Entscheidungen beruht. Programme stellen im Voraus angeordnete Informationen dar, die einen Vorgang so steuern (Ziele so setzen), dass er zu einem vorgegebenen Ende führen kann, dessen Erreichbarkeit erhofft wird, aber nicht mit Bestimmtheit prognostizierbar ist. Im Falle biologischer Einheiten ist das Ziel die Ausbildung und der Erhalt der organismischen Existenz. In sozio-naturalen Systemen geht es um die Realisierung von individuellen oder gemeinsam geteilten Intentionen, deren Erfolg ebenfalls erst im Nachhinein – wenn überhaupt – bewertet werden kann.

2.4 Letztereignisse

Erstereignisse implizieren auch die Frage nach Letztereignissen. Beispiele hierfür scheinen in der Umweltgeschichte zahlreich, wenn sie auch nicht als solche registriert, sondern gern in die Katastrophenschublade gesteckt werden. Schließlich beendet ja jedes Erdbeben (z. B. im Friaul 1342); jeder Seuchenzug (Pestwelle ab 1347), jeder Tsunami (Südostasien 2004), jede Flutwelle (Johnstown 1889), jeder Vulkanausbruch (Thera ca. 1600 BC) usw. kulturelles und organismisches Leben und markiert eine geologische Zäsur.

Als Letztereignis benanntes Geschehen würde in der Umweltgeschichte ausdrücklich das Ende einer oder mehrerer miteinander verknüpfter Entwicklungslinien betonen. Ob sie dabei nicht zugleich auf ihre Art einen Neuanfang markieren, ist eine eher philosophische als wissenschaftspraktische Frage, zumindest dann, wenn Neues auf etwas Altes folgen soll.

Während nach einer solchen Zäsur in der unbelebten Natur die Wirkung der allgemeinen Naturgesetze auf einer neu gestalteten Fläche einsetzt, z. B. auch mit einer Neubesiedlung durch Organismen, ist die Entstehung von Neuem in der organismischen Welt nicht ohne weiteres möglich. Dem Erlöschen von Arten durch Übernutzung, Verdrängung oder Bekämpfung stehen mit dem Tod ihres letzten Vertreters als jeweilige Letztereignisse keine äquivalenten Erstereignisse durch sofortige Artenentstehung gegenüber. Zwar weiß die Biologie, dass täglich auch neue Arten entstehen, aber nicht wo und wie viele und welche, denn es sind statistische Werte, für die sich keine materielle Entsprechung anbietet. Ihnen gegenüber stehen ebenso geschätzte 30.000 bis 60.000 Arten, die pro Jahr aussterben sollen, täglich also 80 bis 160. Gesehen wurden davon nur einzelne Exemplare, wie z. B. Martha, die letzte Nordamerikanische Wandertaube, die 1914 im Zoo von Cincinnati starb, oder etwa die letzte Stellersche Seekuh, die 1768 erlegt wurde. Historische Beispiele sind zahlreich und zuverlässig. Frühere Faunen- oder Florenverluste beruhen auf Vermutungen oder Hinweisen aus literarischen Quellen, etwa über den in der Antike ausgestorbenen Griechischen Löwen oder die ebenfalls in der Antike übernutzte nordafrikanische Pflanze Sylphion.

Nun sind Verlustzahlen meist nicht das Ergebnis sorgfältiger Zählungen, sondern von mehr oder weniger begründeten Schätzungen, die heute möglicherweise auch politische Interessen bedienen. In den letzten 150 Jahren sind in Deutschland 47 Arten höherer Pflanzen verschollen oder ausgestorben. Von 15.850 Tierarten in Deutschland gelten 3 % als verschollen oder ausgestorben. Die Bedeutung solcher Verluste ist abhängig von der Funktion der betreffenden Art im Ökosystem. Überraschend zeigt sich auch, dass wirkliches Aussterben offenbar graduell abhängig von seiner Ursache ist. Säugetiere, die wegen Habitatverlustes als ausgestorben galten, hatten eine neunzigprozentige Chance, innerhalb von 180 Jahren nach ihrem Aussterben wiederentdeckt zu werden. Beruhte ihr Aussterben hingegen auf Überjagung oder auf Verdrängung durch Neozoen, bestand eine nur zwanzigprozentige Chance einer Wiederentdeckung innerhalb der ersten 50 Jahre nach dem Aussterben, stieg aber in den folgenden 450 Jahren noch auf rund 35 % an (Fisher und Blomberg 2011).

Auch in sozio-naturalen Systemen sind Letztereignisse keineswegs selten. Hier wäre der Übergang von der Wild- und Feldbeutergesellschaft zur produzierenden Lebensweise in den Agrarkulturen ein Beispiel. Ebenso die Aufgabe von Bewirtschaftungstechniken zugunsten vorgeblich produktivitätssteigernder anderer Techniken (Aufgabe von Plaggenwirtschaft, von Waldstreuentnahme). Dabei wird historisch die steigende Produktion unter steigendem Energieeinsatz (Dünger, Pestizide, Maschinen) bei sinkender Effizienz als Quotient zwischen Energieeinsatz und verfügbarer Nahrungsenergie erwirtschaftet (agricultural intensification, Boserup 1965). Das konnte am Ende nur durch die fossilenergetische Subventionierung der Landwirtschaft beibehalten werden. Zu den Letztereignissen gehören auch das Verschwinden alter Kultursorten (Kultivare wie Domestivare), die Aufgabe von ineffizienten oder zerstörerischen Prospektions- bzw. Ausbeutungstechniken (z. B. hydraulic mining; Kabeljaufischerei), das Versinken von Landschaftsensembles in Stauseen, das ökologische Umkippen von Gewässern infolge von Immissionseinträgen usw.

Das Aussterben der Neandertaler, d. i. ihr Aufgehen in den Populationen sich ausbreitender anatomisch moderner Menschen, vermittelt gewissermaßen zwischen den Beispielen naturaler und sozio-naturaler Systeme.

2.4 Letztereignisse

Letztereignisse in sozio-naturalen Unternehmungen sind schwieriger auszumachen, weil manche Kulturtechniken oft in neue kulturelle Zusammenhänge diffundieren und Menschengruppen in neuen Abstammungsgemeinschaften aufgehen. Hierfür bildet die europäische Eroberung beider Amerika ein geradezu klassisches Muster. Sie brachte unmittelbar den seuchenbedingten Verlust von ca. 95 % der mittel- und südamerikanischen Bevölkerung und anschließend durch systematische Verdrängung das weitgehende Ende indianischer Kulturen – später auch in Nordamerika – und zuletzt der arktischen Bevölkerungen. Es scheint ein für die europäische Expansion der postkolumbischen Ära typisches Verhalten gewesen zu sein, die indigenen Bevölkerungen weltweit in den besetzten Gebieten und Kolonien kriegerisch und kulturell planmäßig zu unterwerfen und aktiv oder passiv zu töten. Rechnete man Menschen als Humankapital zu den naturalen Ressourcen, dann ist mit dem Abolitionismus wenigstens die Sklaverei zumindest formell, wenn auch nicht faktisch, beendet worden, nicht jedoch die Ausbeutung menschlicher Arbeitsleistungen.

Dagegen hatte die Hysterie der Hexenverfolgungen in Deutschland, die von manchen mit klimatischen Extremereignissen wie der sog. Kleinen Eiszeit in Zusammenhang gebracht wird (Behringer 1995), ein nur geringes Ausmaß. Ihr Ende wäre auch unter Letztereignisse zu subsumieren.

Ein bemerkenswertes weiteres Beispiel, weil es so wenig in das Machtschema expandierender Großreiche zu passen scheint, ist die Beendigung der chinesischen Fernexpeditionen unter Admiral Zheng Ho (1405–1433; Liu et al. 2014), mit der sich das Chinesische Reich von den fernen Ländern und Ozeanen zurückzog, um sich auf die Vielfalt auf dem eigenen Territorium zu konzentrieren. Die Ursachen liegen in diesem Falle offenbar in einfachen Kosten-Nutzen-Bilanzierungen.

Anfang und Anthropozän 3

Im Folgenden werden umweltwirksame Anfangsereignisse als *Beispiele* grundsätzlicher Unterschiede aufgeführt. In diese sehr kurze Aufzählung sind aus naheliegenden Gründen nicht aufgenommen die Entstehungszeiten von Elementen des naturalen Tableaus der Weltgeschichte, also beispielsweise nicht, seit welchen geologischen Zeiten es welche Steine, Palmen oder Pferde gab. Selbstverständlich wäre aber das erstmalige, durch die Konquistadoren veranlasste Auftreten von Pferden in Amerika ein relevantes Erstereignis bzw. allgemeiner: das Auftreten von Domestivaren und Kultivaren als Anfangsereignisse. Erfindungen, Entdeckungen, Erstwahrnehmungen, Ideen und andere Einsichten sowie Extremereignisse sind Arten möglicher Erst- und Anfangsereignisse, die im Folgenden an Beispielen erläutert werden sollen. Die Beispiele sind willkürlich, selbstverständlich nicht vollständig, aber zweckmäßig gewählt. Vorgebeugt sei Erwartungen, die sich an vielfach in der Literatur behandelten Wendepunkten der Umweltgeschichte orientieren (s. o. Abschn. 2.3). Sie finden bereits hinreichende Beachtung, sodass wir uns mehr auf jene Ereignisse konzentrieren, deren Bedeutung häufig unterschätzt oder übersehen wird.

Die umwelthistorische Betrachtung von Anfangsereignissen muss mit dem erstmaligen Auftreten von Menschen beginnen, denn ohne Menschen gäbe es zwar auch Umweltgeschichte, aber keine von der Art, wie sie hier verhandelt wird. Die Wissenschaft hat für menschliche Existenzen mittlerweile sieben Millionen Jahre bestimmt. Will man dieser naturwissenschaftlichen Betrachtung nicht folgen und auch nicht der Idee von Friedrich Engels (1876), dass sich die eigentliche Transformation zum Menschen der Erfindung von Arbeit verdankt, müsste man wohl den letzten Exodus unserer Vorfahren aus Afrika angeben, der vor etwa 200.000 bis 120.000 Jahren den anatomisch modernen Menschen in die Welt brachte. Sicher in Europa nachweisbar sind diese Menschen seit etwa 40.000 Jahren. Jenseits ihrer naturwissenschaftlichen Nachweisbarkeit werden diesen

© Springer Fachmedien Wiesbaden GmbH, ein Teil von Springer Nature 2018
B. Herrmann und J. Sieglerschmidt, *Umweltgeschichte und Kausalität*,
essentials, https://doi.org/10.1007/978-3-658-20921-6_3

Menschen alle Eigenschaften zugeschrieben, die ein zur Kulturfähigkeit begabtes Wesen (Johann Gottfried Herder) haben kann. Hier nun könnte seinen Anfang genommen haben, was durch ein Letztereignis beinahe infrage gestellt worden wäre: vor etwa 74.000 Jahren verursachte ein gigantischer Ausbruch des Vulkans Toba (Sumatra) eine kurze globale Eiszeit. Nach der Toba-Extremereignistheorie (Ambrose 1998) wären fast alle Menschen ausgestorben. Nur mit Glück hätten einige überlebt, deren Nachfahren die heutigen Menschen wären, was die gegenwärtige genetische Ähnlichkeit der heutigen Menschheit erklären soll. Ob der genetische Flaschenhals nun durch das Toba-Ereignis oder vielleicht doch durch die 100.000 Jahre ältere vorletzte Kaltzeit erklärt wird, ist letztlich unerheblich. Denn von einem dieser Beinahe – Letztereignisse setzte die Entwicklung ein, die gegenwärtig gern als Beginn eines neuen Erdzeitalters wahrgenommen wird: Die Erstwahrnehmung des Anthropozäns.

Allerdings war bereits früher eine entscheidende ökologische Veränderung eingetreten, die ebenfalls als Anfangsereignis zu werten und ohne die das Anthropozän nicht denkbar ist. Mit der Jagd der paläolithischen Jäger auf die großen saisonalen Weidegänger wie Mammut, Rentiere u. a. m., mit dem Lachsfang und der Erfindung des Angelhakens wurde bereits in der Altsteinzeit das Prinzip lokaler Stoffströme und ökosystemarer Kreisläufe durchbrochen: Menschen begannen das abzuernten, was nicht in ihrer unmittelbaren Umgebung aufwuchs, weil man nicht mehr der Beute hinterher zog, sondern ihr Erscheinen an einem Lagerplatz abwartete. Ob man darin bereits die Vorbereitung zur Idee der Nutzung eines externen Territoriums erkennen will, ist unerheblich, da das Vorbild damit in der Welt ist. Später werden die aus Asien nach Amerika vordringenden ersten Menschen ein Letztereignis (mit)zu verantworten haben, das Aussterben der amerikanischen Megafauna, und gleichzeitig das Anfangsereignis der Besiedlung beider Amerika in Gang setzen.

Das Anthropozän soll das gegenwärtige Erdzeitalter sein, geprägt durch die unerhörte Dimension menschlicher Wirkungen auf das Erdsystem (Crutzen 2002). Es soll etwa mit dem 18. Jahrhundert bzw. im Jahre 1800 CE begonnen haben, weil ab hier die menschlichen Wirkungen unübersehbar und prekär geworden wären. Allerdings ist dies kein Datum für ein Anfangsereignis und nicht einmal eines für eine Erstwahrnehmung. Es ist ein Aufmerksamkeitsbegriff ohne analytische Qualität. Dass die menschlichen Aktivitäten erst durch die Erfindung der Dampfmaschine gravierende Folgen (ausführlicher Herrmann 2014, S. 43–50) zeitigten, ist eine einseitige Haltung, die sich nicht vorstellen will, dass auch ohne avancierte Technik tief greifende Veränderungen der Umwelt und Umgebung eintreten können. So ist z. B. seit der etwa vor 50.000 Jahren begonnenen Besiedlung Australiens durch die indigene Bevölkerung eine an deren

Bedürfnisse und Verhalten angepasste Flora und Fauna überliefert. Ohne Rad und Zugtiere errichteten die Einwohner beider Amerika lange vor 1492 riesige Erdhügel und Steinbauten, und die Agrikultur brachte bereits vor 7000 Jahren den Anstieg der Methankonzentration in die Atmosphäre. Die mit 1800 gesetzte Zäsur ist willkürlich und wissenschaftlich fragwürdig (so auch Lewis und Maslin 2015; Smith und Zeder 2013). Darüber hinaus ignorieren die Vertreter des Anthropozänbegriffes, dass die abendländische Philosophie vom Anbeginn ihrer Überlieferung das problematische Verhältnis der Menschen zur Natur erörtert hat. Die Setzung von Karl Marx (1968, Bd. 23, Dritter Abschnitt, S. 192): „Der Mensch tritt dem Naturstoff selbst als eine Naturmacht gegenüber," war lange vor Ausrufung des Anthropozäns akzeptiertes Gemeingut. Diese Macht gewannen Menschen unbestreitbar vermöge ihrer Arbeitsleistung und Ingeniosität. Deren Auswirkungen wurden aber nicht erst um 1800 CE sichtbar, vielmehr betreffen sie fast den gesamten Zeitraum des Holozäns, also annähernd die gesamten letzten 11.000 Jahre. Außerdem lohnte es sich darüber nachzudenken, ob denn Homo sapiens im Lauf der Erdgeschichte die einzige Art war, die das Antlitz des Erdsystems durch Erscheinungsbild und Gestaltungsmacht prägte.

Legte man pflanzensoziologische Befunde zugrunde, dann ist die Geschichte des ortsfesten Nutzpflanzenanbaus über Unkrautsamen für den Goldenen Halbmond (Ohalo II, See Genezareth) seit etwa 23.000 Jahren belegt. Dies ist der Moment, an dem Menschen beginnen, für sie bis dahin uninteressante Organismen in erwünschte Organismen zu wandeln. Das gängige Modell der einsetzenden Biodiversitätslenkung und -verdrängung geht von einem Beginn des systematischen Ackerbaus weltweit zwischen 11.000 und 6000 BCE aus, wobei Australien mit 5000 Jahren BCE das jüngste Domestikationszentrum bildet. Wo immer das naturale Angebot eine Umsetzung ermöglichte, kam es zu begleitenden Domestikationen von Tieren. In diesen Zentren in Amerika, Asien und dem Vorderen Orient bildeten sich zentrale Orte heraus. Die Idee der Stadt wird in der Folgezeit das Antlitz der Erde tief greifend verändern: Städte werden die Stoffströme und Energieflüsse auf sich ausrichten, damit ihr Hinterland sektoralen Nutzungen und Umgestaltungen unterwerfen und die subsidiären Stoff- und Energiekreisläufe zerstören. Die biologischen Nachteile eines Stadtlebens können offensichtlich kulturell gut abgepuffert werden. Kein anderes Biotop scheint für Menschen attraktiver zu sein. Um 1800 lebten etwa 3 % der Weltbevölkerung in Städten, 1900 waren es 14 %, im Jahr 2007 wurden 50 % erreicht. Rund 10.000 Jahre nach der Entstehung der ersten Städte werden 2050 voraussichtlich rund 70 % aller Menschen in Städten leben.

Die Erfindung der Landwirtschaft ist der Beginn einer nachhaltigen Veränderung durch Bevölkerungszuwachs. Vor etwa 5000 Jahren erreicht eine Auswandererwelle, die ihren Anfang im Nahen Osten nahm, auch Mitteleuropa. Dort begann die Neolithische Besiedlung. Wie fanden die Neusiedler in einem unbekannten Terrain die landwirtschaftlichen Gunsträume? Sie suchten phänologische Zeichen, möglichst solche, die sie aus ihrer alten Heimat kannten. So sind z. B. die Schneeglöckchen, die in Mittel-, Südosteuropa und Kleinasien vorkommen Frühblüher im Jahr, die damit auch die wärmeren Parzellen anzeigen. Es folgt daher die neolithische Besiedlung z. B. Thüringens der Schneeglöckchenblüte. Den phänologischen Zeichen wird in der Hausväterliteratur und bis auf den Tag in Klima- und Vegetationsatlanten daher zu Recht breiter Raum eingeräumt.

Durch die Landwirtschaft kommt notwendig das sog. Unkraut in die Welt, dem ein tierliches Pendant, der Schädling, zur Seite gestellt wird. Für das christliche Abendland ist die Tatsache ihrer Existenz mit Problemen verbunden. Zwar war schon auf der Arche Noahs von den unreinen Tieren nur ein Paar zugelassen im Gegensatz zu den sieben Paaren der reinen Tiere. Die alltagspraktische Auflösung des Problems wird Thomas von Aquin (1225–1274) in seiner Werttheorie vornehmen, die ihre Preisvorstellung nicht am ontologischen Wert der Sache oder an ihrem Tauschwert orientiert, sondern bei käuflichen Dingen an ihrem Nutzwert:

> Die Art der Schätzung eines jeden Dinges ist je nach seinem Gebrauch verschieden, derart, dass wir sinnlose Wesen den Sinnenwesen vorziehen, und zwar so weitgehend, dass, wenn wir es könnten, wir sie völlig aus der Naturordnung beseitigen würden, sei es aus Unkenntnis ihres Standortes [in der Naturordnung] sei es trotz klarer Erkenntnis, weil wir sie hinter unsere Annehmlichkeiten stellen. Wer hätte zu Hause nicht lieber Brot als Mäuse oder Silbermünzen anstelle von Flöhen? Was ist denn Verwunderliches daran, wenn beider Einschätzung von Menschen, deren Natur doch wahrhaftig eine so große Würde besitzt, ein Pferd höher gewertet wird als ein Sklave, ein Schmuckstück mehr als eine Magd? So weicht die Schauweise des nur Betrachtenden in der freien Urteilsgestaltung weit ab von der Not des Bedürftigen oder der Lust des Begierigen (Utz und Groner 1987, S. 417).

Ob diese pragmatische Sichtweise den leseunkundigen Bauern in der Fläche erreicht hat, darf bezweifelt werden. Der musste ohnehin seit eh und je die normative Kraft des faktisch Gebotenen anerkennen, um überleben zu können. Entscheidend ist aber, dass hier eine theologische Autorität die moralische Entlastung für ein Nutzungs-/Ausbeutungsverhalten liefert, das die Notwendigkeit zur Begrenzung der konkreten Naturnutzung nicht in die Bewertung einbezieht.

Die Übersicht über die Naturkonzepte (Abb. 1.1) wurde durch ein von Francis Bacon (1561–1626) gefundenes Ordnungsschema bereichert, das die Natur in jene drei Bereiche teilt, in denen sie Menschen in ihrer täglichen Lebenspraxis begegnet: die freie Natur der Schöpfung, die Fehler der Natur und die durch

Technik und Arbeit beschränkte, gestaltete und neu ersonnene Natur (Bacon 1623, Lib II, Cap II, S. 79–84). Fehler bzw. Störungen sah Bacon als Folgen „schlechter Eigenschaften und der Anmaßung einer widerspenstigen Materie". In diesen Fällen wäre die Natur „durch die Gewalt von Hindernissen aus ihrem Zustand herausgestoßen, wie in Missgeburten". In der Zwischenzeit ist durch den Wissensfortschritt verstanden worden, dass die Entstehung der „Fehler" ebenfalls auf den Gesetzlichkeiten der freien Natur beruht. Obwohl Bacon den Einfluss menschlicher Ingenieurskünste auf die Natur als weitreichend erkannte, wies er jedoch ausdrücklich darauf hin, dass sie niemals über die Begrenzungen der Naturgesetzlichkeiten hinausgehen könnten. Der Alltag folgt mit seiner Ordnung der Dinge dieser Dreiteilung seit dem Entstehen der produzierenden Lebensweise.

Der exzessive Naturverbrauch durch die Kolonienbildung in den Amerika, in Indien, Ostasien und später auch in Afrika, führt früh zum Nachdenken über den Naturbestand und dessen Bedrohung durch menschliche Tätigkeit. Die Besorgnis wird politisch greifbar im Bericht Global 2000 (1980), der für möglich hielt, dass bis zum Jahr 2000 25 % aller biologischen Arten auf der Erde ausgestorben sein könnten.

Als Folge des immer schnelleren und zur Gegenwart hin stark beschleunigten Austauschs von Ideen und Konzepten wird nach der Erfindung des Buchdrucks, nach der Etablierung des heliozentrischen Weltbildes, nach der wissenschaftlichen Revolution durch die Aufklärung und dem Fortschritt in der Naturkenntnis mit der begleitenden „Entzauberung der Natur" eine Fülle von Anfangsereignissen, Ideen, Erstwahrnehmungen und Entwicklungsmöglichkeiten sichtbar, die hier in einer letztlich beliebigen Liste beliebiger Länge aufzuführen wären. Selbstverständlich wäre hier auch Jenners Impfversuch (1796), Darwins „Entstehung der Arten" (1859) und das DNA-Modell von Crick, Franklin & Watson (1953) an prominentester Stelle zu nennen – neben unzähligen anderen, auch neuen geistigen Strömungen wie den Menschenrechtserklärungen in den USA und Frankreich, der Sicht der Romantik und der Entstehung des Tourismus, der Demokratisierung der Teilhabe an weltlichen Gütern, der Erhebung des Naturschutzes in den Verfassungsrang durch die Weimarer Verfassung und des Grundgesetzes der Bundesrepublik Deutschland, die Verbreitung des Kühlschrankes, die Etablierung der erdölabhängigen Techniken usw. Alles ist relevant für die Umweltgeschichte. Und dabei sind die Erschütterungen des Erdsystems wie einzelner Regionen durch gewaltige Extremereignisse nicht einmal erwähnt. Wünschenswert wären Listen über diese Ereigniskategorien, wie sie von Gerald und Gerald (2015) beispielhaft für die Lebenswissenschaften vorgelegt wurden.

Die notwendig wenigen hier aufgeführten Beispiele sind in ihrer Qualität, ihrer Reichweite, ihren naturalen, sozionaturalen und sozialen Anteilen so verschieden, dass an dieser Stelle eine weitere Systematisierung unterbleibt und an die Ordnungshilfe durch umwelthistorische Lehrbücher verwiesen wird (Winiwarter und Knoll 2007; Herrmann 2016). In ihrer Unterschiedlichkeit tragen die Beispiele hoffentlich dazu bei, den Blick auf das Gesamte des umwelthistorischen Geschehens wie des umwelthistorischen Räsonnements zu üben und zu schärfen. Die Auflistung hätte, neben ihrer erläuternden Funktion eine wesentliche weitere erfüllt, wenn sie den Leser zu Sensibilität, Aufmerksamkeit und kritischer wissenschaftlicher Prüfung in Zusammenhang mit umwelthistorischen Themen anregte.

Materialistische Umweltgeschichte

Ihrer Entstehung in der Biologie nach behandelte die Umweltlehre zunächst *physiologische Leistungen* der Organismen (Uexküll 1921; Weber 1937). Im Prinzip gilt dies für das gesamte Gebiet der Ökologie, die im Grundsatz auf den physiologischen Leistungen der Organismen beruht. Entsprechend hängt jede menschliche Existenz und kulturelle Entwicklung von unmittelbaren oder mittelbaren physiologischen Dienstleistungen der Ökosysteme ab. Diese haben vier Grundeigenschaften:

Konstanz	Das Ökosystem verändert sich nicht hinsichtlich seiner Grundstruktur, wenn keine Störfaktoren einwirken.
Resistenz	Störfaktoren vermögen in einem Ökosystem nur geringe Schwankungen bzw. Veränderungen zu erzeugen.
Zyklizität	Ein Ökosystem ist – auch ohne Einwirkungen von Störfaktoren – immer durch Merkmalsschwankungen charakterisiert. Es verändert sich, kehrt aber dann von selbst in die Ausgangslage zurück.
Resilienz (= Elastizität)	ist die Fähigkeit eines Ökosystems, eine Störung – gemessen nach Dauer und Intensität – zu ertragen, ohne sich in ein anderes Ökosystem zu verwandeln.

Mit ihrer Bemühung um Freilegung von Leistungsplänen der Organismen (Brock 1939) beabsichtigte die Umweltforschung in der Konzeption der Uexküll-Schule, ein dem Bauplangedanken der Morphologie adäquates Gedankengebäude zu errichten. Der Begriff des Bauplans geht zurück auf die idealistische Morphologie des 19. Jhs., in der die Idee einer planvollen Schöpfung vorherrschte. Sie wurde noch von den Vitalisten des frühen 20. Jahrhunderts favorisiert, zu denen auch Uexküll und seine Schule gehörte. An die Stelle des Bauplans ist heute das

Grundmuster (bzw. das Organisationsmuster) systematischer Einheiten in der Biologie getreten. Die idealistische Morphologie suchte nach Möglichkeiten, den organismischen Gestalten einen (hypothetischen) generalisierten Typus zugrunde zu legen, von dem aus durch Annahme von Modifikationen unterschiedlichster Art die jeweilige organismische Struktur aus dem Typus abzuleiten bzw. auf ihn zurück zu führen war. So lassen sich z. B. alle Wirbeltierextremitäten durch die Annahme von Verwachsungen, Ausfällen u. Ä. auf eine fünfstrahlige Extremität zurückführen. Widersprüchlichkeiten in den Grundüberlegungen wurden durch die heute herrschende evolutionsbiologische Auffassung und durch die Differenzierung zwischen Homologie und Analogie überwunden (Toepfer 2011).

Die Übertragung der Frage nach Leistungsmustern auf Geschichtsstrukturen führt zu geschichtsphilosophischen Grundtheorien. Die vergleichende Betrachtung von David Engels (2015, S. 21–25) kennt u. a. biologistische Bewertungen von Geschichtsstrukturen. Seine Belegbeispiele stammen aus der Körper- bzw. der Lebensaltersmetaphorik und gründen nicht auf darwinistischen Ansätzen oder daraus entwickelten Theorien der modernen Biologie. Es handelt sich im Sinne Topitschs um biomorphe Gesellschaftsmodelle (Topitsch 1972, S. 13–46). Sie bedienen sich biologischer Bilder, ohne im eigentlichen Sinne biologistisch zu sein, also ohne *komplexere* biologische Erklärungsansätze auf sozioökonomische Abläufe zu beziehen, etwa aus dem Bereich der synthetischen Evolutionstheorie. Moderne biologische Ansätze und ökologische Fragen spielen in den gegenwärtigen, viel diskutierten geschichtsphilosophischen Großtheorien (hierzu Brüll 2015) keine Rolle. Dabei besteht mit der Soziobiologie (z. B. Voland 2009) eine ernsthafte Herausforderung der Geschichtstheorie.

Darüber hinaus war auch schon vor über zehn Jahren absehbar, dass durch die Bedeutung der Epigenetik eine Neubewertung des Vererbungsgeschehens und aller es betreffenden Bereiche erfolgen muss. Unter Epigenetik ist die Änderung der Ausprägung von Erbanlagen einschließlich verhaltensrelevanter Steuerungen durch ontogenetische Einflüsse auf Organismen zu verstehen. Ursächlich sind nicht Mutationen, sondern funktionelle Modifikationen der DNA, die reversibel sein können. Die Konsequenzen sind für alle Bereiche der Organismengeschichte einschließlich auch der kulturellen Entwicklung weitreichend (zusammengefasst in Jablonka und Lamb 2017). Die größte epigenetische Gesamtwirkung innerhalb eines individuellen Lebens kommt der Einwirkung desjenigen Ökosystems zu, zu dessen Dienstleistungen die jeweils größten Abhängigkeiten bestehen. Dabei ist noch weitestgehend unverstanden, wie sich jene Tatsache auf das Leben eines höheren Organismus auswirkt; unverstanden ist in seiner Konsequenz auch, dass die Zahl der eigenen Körperzellen von der Zahl der den Körper zumeist symbiotisch besiedelnden Bakterien übertroffen wird, bei Menschen um ca. das Zehnfache. Die

Gesamtheit der Mikroorganismen bilden ein Mikrobiom, wobei die Wirkungen der Bakterien auf die körpereigenen Funktionen und menschliches Verhalten beträchtlich sind, aber willkürlich nicht steuerbar. Das spezifische, individuelle Mikrobiom ist eine überwiegende Dienstleistung des persönlichen Ökosystems, der Umwelt Uexkülls im eigentlichen Sinne. Die Verbindungen zwischen kulturellen Systemen und menschlichen Bevölkerungen werden durch biogeografische Bedingungen hergestellt (z. B. Diamond 1999, 2008). Am Ende sind auch die kulturellen Leistungen nichts weiter als Dienstleistungen eines Ökosystems – eben (überwiegend) des anthropogenen. Und sie interagieren mit den allgemeinen ökosystemaren Prinzipien.

Mit biomorphen Gesellschaftsmodellen verschwistert sind zyklische Geschichtstheorien, nicht nur, weil sich der Eindruck von Aufstieg und Fall sowie entsprechender Wiederkehr von Strukturen als Verlauf der Geschichte unterstellt wird, sondern weil Zyklizität (Sieglerschmidt 2014) als ein Element biologischer Grundstrukturen (Tod und Geburt, Jahreszeiten usw.) metaphorisch für die Beschreibung grundlegender Entwicklungen genutzt wird.

Die hier vor allem im Folgenden vorgetragene Überlegung ist biologistisch, weil sie Prinzipien der Ökosystemtheorie mit historischen Abläufen verknüpfen will. Das ist deshalb möglich, weil Menschen/Kulturen/Geschichte von ökosystemarer Dienstleistung abhängen: primär von Dienstleistungen der Ökosysteme, und sekundär – wenn auch noch in viel stärkerem Maße – von den anthropogenen Ökosystemen. Ob von Menschen beeinflusst oder nicht, in jedem Falle beruhen diese Systeme auf ökologischen Grundprinzipien und existieren ausschließlich unter deren Beachtung. Die Dienstleistungen der anthropogenen Ökosysteme führen in eine zirkuläre Abhängigkeit: Menschen müssen diese Systeme zur Existenzsicherung hervorbringen, weil sie von diesen abhängen. Kulturelle Entscheidungen beeinflussen die Dienstleistungsfähigkeiten und -befähigungen und setzen dadurch Modifikationen der sozioökonomischen bis gesamtkulturellen Ordnung in Gang.

Wenn in der Umweltgeschichte die Aneignung der naturalen Umwelt durch die Menschen und ihre Gesellschaftsformen thematisiert wird, dann liegt dieser Aneignung keine unendlich variierbare Faktorenkombination zugrunde. Im Prinzip kann man Überlegungen von Leslie White (1943) und Julian Steward (1949) auch mit der Idee eines Leistungsplans (i. S. eines neutralen Plan-Begriffs, oder besser: eines Leistungsmusters) verbinden. White hatte menschliche Kulturen als thermodynamische Systeme bezeichnet (zu seiner Zeit sprach noch niemand über Kulturbildung bei Tieren; selbstverständlich gilt Whites Einsicht auch für diese). White verkürzte seine Entdeckung auf eine Formel, wonach Kultur (C) eine Funktion verfügbarer Technologie (T) und verfügbarer Energie (e) wäre ($C = T \times e$)

und darauf ausgerichtet sei, das vorhandene energetische Potenzial optimal zu nutzen. Funktional unterlägen Kulturen damit den energetischen Grundprinzipien der thermodynamischen Hauptsätze. Wobei erforderliche kognitive Fähigkeiten unter Technologie subsumiert werden müssen. Anders ausgedrückt: man kann in Kulturen eine je spezifische Anpassungsleistung an das Gesamt aller Bedingungen des Lebensraums und der kulturellen Anpassungen an sich selbst erkennen, abhängig von den Randbedingungen der ökosystemaren Gesamtleistungen und ihren naturalen Risiken. Die spezifische Anpassungsleistung (Kultur) zielt auf Permanenz (Nachhaltigkeit) der biologischen Gruppe, als deren aggregierte Gesamtleistungen vieler Individuen, die nicht mehr einzeln zurechenbar sind, eine Kultur zu verstehen ist. Dass es nicht nur um das nackte Überleben geht, sondern auch um die interessengeleiteten Erweiterungen in allen gesellschaftlichen Ausprägungen von Kultur, sind als selbstverstärkende Effekte verständlich.

Julian Steward hat mit der tabellarischen Übersicht über die kulturellen Entwicklungen (Tab. 4.1 und 4.2) die analogen Entwicklungen im kulturellen Vergleich erfasst. Die Übersichten werden hier ohne weitere Berücksichtigung eines zwischenzeitlich erreichten Erkenntnisfortschritts wiedergegeben, weil es nur um das sichtbare Prinzip und nicht um Details geht. Anders gewendet handelt es sich um Übersichten über das Auftreten wichtiger Anfangsereignisse im interkulturellen Vergleich. Offensichtlich entstanden die *funktionalen* Gleichartigkeiten trotz unterschiedlicher Entwicklungsräume aus gleichartigen Leistungsmustern, die in den sozio-naturalen Systemen als Wechselwirkungen zwischen ökosystemaren Dienstleistungen und kulturell zu begründenden Anpassungen resultierten. Damit wird Kultur auch begreiflich als eine Dienstleistung des je spezifischen anthropogenen Ökosystems (einer bestimmten Bevölkerung) an seine eigene, gleichzeitig kulturproduzierende Bevölkerung. Ebenso, wie auch nicht-anthropogene Ökosysteme der Stabilisierung aller sie konstituierenden Lebewesen und Prozesse dienen und diese begünstigen.

Diese Anpassungsleistungen erlauben offenbar trotz aller kultureller Differenzen keine beliebigen Spielräume. Die Frage von Friedrich Brock (1939), wie denn ein umweltwissenschaftliches, *physiologiebasiertes* Leistungsmuster aussehen könnte, ist zumindest für Menschen in der von Julian Steward aufgelisteten Weise beantwortet. Ob es sich hierbei um analoge (konvergente) oder homologe Entwicklungen handelt, wird letztlich zu einer Frage des Standpunkts. Sofern man annimmt, dass die kulturelle Entwicklung von Menschen ein innerartliches Phänomen ist, sind die Gleichartigkeiten zwangsläufig homologe Entwicklungen.

Alle Eigenschaften eines Lebewesens verdanken sich einem Evolutionsgeschehen. Hierzu gehören auch intelligentes Verhalten und jene Möglichkeiten, die sich als Folgen aus der Intelligenzbefähigung ergeben, worunter auch kulturelles

4 Materialistische Umweltgeschichte

Tab. 4.1 Gruppierung kultureller Abfolgen in geografisch unterschiedlichen und unabhängigen Kulturräumen zur Veranschaulichung gleichartiger Entwicklungen. Die jeweiligen Perioden sind auf gleichen relativen Positionen, *nicht auf synchronen* Positionen platziert (Tafel I und Erläuterung aus Steward 1949, S. 8)

CHART I. ARCHEOLOGICAL AND HISTORICAL PERIODS GROUPED IN MAJOR ERAS

ERAS	MESOPOTAMIA, SYRIA, ASSYRIA	EGYPT	CHINA	MESOAMERICA MEXICO	MESOAMERICA MAYA AREA	N. PERU
Industrial Revolution	Euro-American 19th and 20th Century economic and political empires					
Iron Age Culture	Influences from Greece, Rome; later from north and central Europe. Spanish Conquest in New World destroys native empires					
Cyclical Conquests	Kassites Hammurabi Dyn. Accad	Hyksos New Empire	Ming Sui, Tang Ch'in, Han			Inca
Dark Ages	Invasions	First Intermediate	Warring states			Local states
Initial Conquest	Royal tombs Ur Early Dyn. Sumer	Pyramid Age Early Dynastic Semainian Gerzian	Chou	Aztec Toltec	Mexican Absorption	Tiahuanaco
Regional Florescence	Jedmet Nasr Warkan- Tepe- Gawra Obeidian		Shang "Hsia"	Teotihuacan	Initial Series or Classical	Mochica Gallinazo
Formative	Halafian Samarran Hassunan Mersian	Amratian Badarian Merimdean Fayumian	Yang Shao Pre-Yang Shan	Archaic or Middle Periods Zacatenco	Formative or Old Empire Mamom	Salinar Chavin- Cupisnique
Incipient Agriculture	Tahunian Natufian	Tasian	Plain Pottery?	?	?	Cerro Prieto
Hunting and Gathering	Paleolithic and Mesolithic			Pre-Agriculture		

Tab. 4.2 Anordnung kultureller Zentren auf einer absoluten Zeitskala, wobei die Zeitangaben für Schriftkulturen präziser ist als für davorliegende Zeiträume. Deren Fehlerspanne ist für die funktionelle Analyse der kulturellen Entwicklungen nachrangig (Tafel II und Erläuterung aus Steward 1949, S. 9; die absoluten Zeitangaben sind heutigem Kenntnisstand anzupassen)

CHART II. ABSOLUTE CHRONOLOGY OF THE MAJOR ERAS

	MESOPO-TAMIA	EGYPT	INDIA	CHINA	N. ANDES	MESO-AMERICA
2000						
					Spanish Conquests	
					Cyclical Conquests	Cyclical Conquests
1000				Cyclical Conquests		
					Regional Florescence	Regional Florescence
A.D.	Cyclical Conquests	Cyclical Conquests	Cyclical Conquests			Formative
B.C.					Formative	
				Dark Ages		Incipient Agriculture?
1000				Initial Conquests	Incipient Agriculture?	
			Dark Ages			Hunting and Gathering
		Dark Ages		Regional Florescence		
	Dark Ages	Initial Conquests	Initial Conquests		Hunting and Gathering	
2000	Initial Conquests			Formative		
			Regional Florescence			
3000	Regional Florescence	Regional Florescence		Incipient Agriculture		
4000		Formative	Formative			
	Formative					
5000						
			Incipient Agriculture	Hunting and Gathering		
	Incipient Agriculture	Incipient Agriculture				
6000						
7000			Hunting and Gathering			
		Hunting and Gathering				
8000	Hunting and Gathering					
9000						

Handeln zu verstehen ist. Allein aus Gründen der Wahrscheinlichkeit ist es deshalb naheliegend, dass im Evolutionsprozess Organismen zunächst wegen kultureller Leistungen begünstigt werden. Es ist auch wahrscheinlich und am Beispiel von *Homo sapiens* sichtbar, dass sie sich wegen dieser Kulturbefähigung unter Umständen so weit von ihren biologischen Grundlagen emanzipieren, dass sie die Abschaffung ihrer eigenen existenziellen Grundlagen durch verursachte Änderungen der ökosystemaren Dienstleistungen für die eigene wie andere Arten bewirken (Descola 2013, S. 579–584). Eine Befürchtung, die in einer Zeit des Klimawandels nicht mehr nur als abstraktes akademisches Gedankenspiel erscheint. Daraus ergibt sich die absurd erscheinende Situation, dass sich unter Fortschreibung der Übersicht Stewards (Tab. 4.1 und 4.2) die Vollendung des Leistungsmusters in der realen Beseitigung der konkret genutzten ökosystemaren Dienstleistungen ergibt.

Sofern die Einschränkung der für Homo sapiens essentiellen ökosystemaren Dienstleistungen nicht ubiquitär sind, erscheint eine weitere Existenz nur noch für jene Anteile der Art Homo sapiens möglich, die kulturell nicht das Maximum der umweltlichen Appropriation erreicht oder betrieben haben. Daher ist „die Pflicht zu einer Moral der Widernatürlichkeit" *eine gerade aus Humanität und Anerkennung der mitgeschöpflichen Lebensansprüche gebotene antihumane Haltung* (Markl 1995, S. 207), um am Ende der Art Homo sapiens und vieler anderer Arten ein Überleben zu sichern. Es gebieten Vernunftgründe, sich dieser Meinung anzuschließen. Und aus unserer Sicht wäre es zugleich auch die Vollendung der pädagogischen Seite des umwelthistorischen Projektes.

Literatur

Ambrose S (1998) Late Pleistocene human population bottlenecks, volcanic winter, and differentiation of modern humans. J Hum Evol 34:623–651
Andersen A, Ott R, Schramm E (1986) Der Freiberger Hüttenrauch 1849–1865. Umweltwirkungen, ihre Wahrnehmung und Verarbeitung. Technikgeschichte 53:169–200
Apel K-O (1981) Transformation der Philosophie. Bd 2: Das Apriori der Kommunikationsgemeinschaft. 2. Aufl. Suhrkamp, Frankfurt a. M.
Bacon F (1623) De dignitate et augmentis scientiarum. In: Opera Francisci Baronis de Verulamio, Tom I. Haviland, London
Bargatzky T (1985) Einführung in die Kulturökologie. Reimer, Berlin
Behringer W (1995) Weather, hunger and fear. The origins of the European witch persecution in climate, society and mentality. Ger Hist 13:1–27
Bernheim E (1908) Lehrbuch der historischen Methode und der Geschichtsphilosophie. Mit Nachweis der wichtigsten Quellen und Hilfsmittel zum Studium der Geschichte. 5.-6. Aufl. Duncker & Humblot, Leipzig
Boserup E (1965) The conditions of agricultural growth: the economics of agrarian change under population pressure. Allen & Unwin, London
Breidbach O (2011) Radikale Historisierung. Kulturelle Selbstversicherung im Postdarwinismus. Suhrkamp, Berlin
Brock F (1939) Typenlehre und Umweltforschung. Grundlegung einer idealistischen Biologie. Bios 9. Barth, Leipzig
Brüll C (2015) Unter Ideologieverdacht. Zur Auseinandersetzung mit Francis Fukuyamas End of History und Samuel P. Huntingtons Clash of Civilizations in Deutschland. In: Engels D (Hrsg) (2015) Von Platon bis Fukuyama. Collection Latomus Bd 349: 313–331
Campe R (2000) Spiel der Wahrscheinlichkeit. Literatur und Berechnung zwischen Pascal und Kleist. Wallstein, Göttingen
Carnap R (1928) Der logische Aufbau der Welt. Weltkreis, Berlin-Schlachtensee
Carrier M, Mittelstrass J (1989) Geist, Gehirn, Verhalten. Das Leib-Seele-Problem und die Philosophie der Psychologie. Gruyter, Berlin
Carson R (1962) Der stumme Frühling. Biederstein, München
Cheung T (2008) Res vivens: Agentenmodelle organischer Ordnung 1600–1800. Rombach, Freiburg

Cranach M v, Foppa K, Lepenies W, Ploog D (Hrsg) (1979) Human ethology. Claims and limits of a new discipline. University Press, Cambridge; Maison des Sciences de l'Homme, Paris

Crutzen P (2002) Geology of mankind. Nature 415:23

Descola P (2013) Jenseits von Natur und Kultur. Suhrkamp, Frankfurt a. M.

Descola P (2014) Die Ökologie der Anderen. Matthes & Seitz, Berlin

Diamond J (1999) Arm und Reich. Die Schicksale menschlicher Gesellschaften. Fischer Taschenbuch, Frankfurt a. M.

Droysen J (1977) Historik. Rekonstruktion der ersten vollständigen Fassung der Vorlesungen (1857). Grundriß der Historik in der ersten handschriftlichen (1857/1858) und in der letzten gedruckten Fassung. Frommann-Holzboog, Stuttgart-Bad Cannstatt

Eldredge N, Gould S (1972) Punctuated equilibria: an alternative to phyletic gradualism. In: Schopf T (Hrsg) Models in paleobiology. Freeman,Cooper & Co, San Francisco. S 82–115

Engels D (2015) Biologistische und zyklische Geschichtsphilosophie. Ein struktureller Annäherungsversuch. In: Engels D (Hrsg)(2015) Von Platon bis Fukuyama. Biologistische und zyklische Konzepte der Geschichtsphilosophie der Antike und des Abendlandes. Collection Latomus Bd 349: 8–46

Engels F (1876) Anteil der Arbeit an der Menschwerdung des Affen. In: Marx K, Engels F (1962) Werke. Dietz, Berlin. Bd 20: 444–455

Fisher D, Blomberg S (2011) Rediscoveries and the detectability of extinction in mammals. Proc Roy Soc B 278(1708):1090–1097

Gerald M, Gerald G (2015) Das Biologiebuch. Vom Ursprung des Lebens zur Epigenetik. 250 Meilensteine in der Geschichte der Biologie. Librero, Kerkdiel

Global 2000 (1980) Global 2000. Der Bericht an den Präsidenten. Zweitausendeins, Frankfurt a. M.

Hacking I (1990) The taming of chance. University Press, Cambridge

Harris M (1991) Cultural anthropology. Harper Collins, New York

Hartmann N (1912) Philosophische Grundfragen der Biologie. Vandenhoeck & Ruprecht, Göttingen

Hartmann N (1980) Philosophie der Natur. Abriß der speziellen Kategorienlehre. 2. Aufl. De Gruyter, Berlin

Hennighausen R (2001) Risikobewertung und Bauleitplanung in einer hochbelasteten Region. Gesundheitswesen 63:70–75

Herrmann B (2014) Einige umwelthistorische Kalenderblätter und Kalendergeschichten. In: Jakubowski-Tiessen M, Sprenger J (Hrsg) Natur und Gesellschaft. Universitätsverlag Göttingen, Göttingen. S 7–58 http://resolver.sub.uni-goettingen.de/purl?isbn-978-3-86395-152-8

Herrmann B (2016) Umweltgeschichte. Eine Einführung in Grundbegriffe. 2. Aufl. Springer Spektrum, Berlin http://www.springer.com/de/book/9783662488089

Herrmann B, Sieglerschmidt J (2016) Umweltgeschichte im Überblick. Springer Spektrum (essentials), Wiesbaden http://www.springer.com/de/book/9783658143145

Herrmann B, Sieglerschmidt J (2017) Umweltgeschichte in Beispielen. Springer Spektrum (essentials), Wiesbaden http://www.springer.com/de/book/9783658154325

Holtmeier F (2002) Tiere in der Landschaft. Einfluss und ökologische Bedeutung. Ulmer, Stuttgart

Jablonka E, Lamb M (2017) Evolution in vier Dimensionen. Wie Genetik, Epigenetik, Verhalten und Symbole die Geschichte des Lebens prägen. Hirzel, Stuttgart

Kambartel F (1968) Erfahrung und Struktur. Bausteine zu einer Kritik des Empirismus und Formalismus. Suhrkamp, Frankfurt a. M.

Kant I (1964) Idee zu einer allgemeinen Geschichte in weltbürgerlicher Absicht. In: Kant I, Werke in sechs Bänden. Wiss. Buchgesellschaft, Darmstadt. Bd. 6: 31–50

Knorr-Cetina, K (2016) Die Fabrikation von Erkenntnis. Zur Anthropologie der Wissenschaft. 4. Aufl. Suhrkamp 2016

Kondylis P (1999) Das Politische und der Mensch, Grundzüge einer Sozialontologie. Bd 1. Akademie Verlag, Berlin

Kroeber A (1944) Configuration of culture growth. Univ of California Press, Berkeley

Leibniz GW (1999) Die Theodizee von der Güte Gottes, der Freiheit des Menschen und dem Ursprung des Übels. Philosophische Schriften 2.1; 2. Aufl. Suhrkamp, Frankfurt a. M.

Leinkauf T (2005) Der Naturbegriff in der Frühen Neuzeit. In: Leinkauf T, Hartbecke K (Hrsg) Der Naturbegriff in der Frühen Neuzeit. Semantische Perspektiven zwischen 1500 und 1700. Niemeyer, Tübingen, S 1–19

Lewis S, Maslin M (2015) Defining the Anthropocene. Nature 519:171–180

Liu Y et al. (2014) Zheng He's maritime voyages (1405–1433) and China's relation with the Indian Ocean World. Leiden, Boston

Markl H (1995) Pflicht zur Widernatürlichkeit. Der Spieg 48(1995):206–207

Marx K (1968) Das Kapital. In: Marx K, Engels F (Hrsg), Werke. Dietz, Berlin

Mayr E (1979) Teleologisch und teleonomisch: eine neue Analyse. In: Mayr E (Hrsg) Evolution und die Vielfalt des Lebens. Springer, Heidelberg, S 198–229

McNeill J (2010) The first hundred thousand years. In: Uekötter F (2010) Turning points in environmental history. Univ of Pittsburgh Press, Pittsburgh, S 13–28

Meyer G (1822) Die Verheerungen der Innerste im Fürstenthume Hildesheim nach ihrer Beschaffenheit, ihren Wirkungen und ihren Ursachen betrachtet, nebst Vorschlägen zu ihrer Verminderung und zur Wiederherstellung des versandeten Terrains. 2 Teile. Heinrich Voigt, Hamburg

Mildenberger F, Herrmann B (Hrsg) (2014) Uexküll. Umwelt und Innenwelt der Tiere. Springer Spektrum, Berlin Heidelberg

Moran E (2008) Human adaptability. An introduction to ecological Anthropology. 3. Aufl. Westview Press, Boulder

Nietzsche F 1997 Werke in drei Bänden. Bd 1 Unzeitgemäße Betrachtungen. Zweites Stück: Vom Nutzen und Nachteil der Historie für das Leben. Wiss Buchgesellschaft, Darmstadt, S 209–285

Nentwig W (2005) Humanökologie, 2. Aufl. Springer, Berlin

Osterhammel J (2007) Kausalität: Bemerkungen eines Historikers. In: Berlin-Brandenburgische Akademie der Wissenschaften (Hrsg). Kausalität. Debatte, Heft 5. BBAdWiss, Berlin 2007. S 75–79

Peirce C (1967) Die Festlegung einer Überzeugung. Wie unsere Ideen zu klären sind. In: Apel K-O (Hrsg) Charles Sanders Peirce. Schriften I: Zur Entstehung des Pragmatismus. Suhrkamp, Frankfurt a. M., S 293–358

Pittendrigh C (1958) Adaptation, natural selection, and behavior. In: Roe A, Simpson G (Hrsg) Behavior and evolution. Yale University Press, New Haven, S 390–416

Plessner H (1975) Die Stufen des Organischen und der Mensch. Einleitung in die philosophische Anthropologie. 3. Aufl. De Gruyter, Berlin

Schiller F (1963) Über das Erhabene. In: Schillers Werke: Nationalausgabe. Philosophische Schriften, Bd 21. Böhlau, Weimar. S 38–54

Schopenhauer A (1982) Die Welt als Wille und Vorstellung. (Sämtliche Werke. Bd 1 u. 2) Bd 1. Wissenschaftliche Buchgesellschaft, Darmstadt

Schutkowski H (2006) Human ecology. Biocultural adaptations in human communities. Ecological Studies 182. Springer, Berlin

Sewill W (2001) Eine Theorie der Ereignisse. In: Suter A, Hetling M (Hrsg) Struktur und Ereignis. Z f Historische Sozialforschung SH 19. Vandenhoeck & Ruprecht, Göttingen. S 46–74

Sieglerschmidt J (2014a) Zufall. In: Jäger F (Hrsg) Enzyklopädie der Neuzeit Online. http://dx.doi.org/10.1163/2352-0248_edn_a4925000

Sieglerschmidt J (2014b) Zyklizität. In: Jäger F (Hrsg) Enzyklopädie der Neuzeit Online. http://dx.doi.org/10.1163/2352-0248_edn_a4944000

Smith B, Zeder M (2013) The onset of the Anthropocene. Anthropocene 4:8–13

Spinoza Bv (2008) Ethica ordine geometrico demonstrata. Die Ethik mit geometrischer Methode begründet. In: Opera. Werke. Bd 2. Wiss Buchgesellschaft, Darmstadt, S 84–557

Spitzer L (1942) Milieu and ambiance: an essay in historical semantics. Philos and Phenomenol Res 3(1–42):169–218

Steward J (1949) Cultural causality and law: a trial formulation of the development of early civilizations. Am Anthropol 51:1–27

Toepfer G (2004) Zweckbegriff und Organismus. Über die teleologische Beurteilung biologischer Systeme. Königshausen & Neumann, Würzburg

Toepfer G (2011) Historisches Wörterbuch der Biologie. Geschichte und Theorie der biologischen Grundbegriffe. Metzler, Stuttgart http://www.zfl-berlin.org/tl_files/zfl/downloads/personen/toepfer/Histor_WoeBuch_Biologie/HWB%20Digital.pdf

Topitsch E (1972) Vom Ursprung und Ende der Metaphysik. Eine Studie zur Weltanschauungskritik. Deutscher Taschenbuch Verlag, München

Uekötter F (2010) Turning points in environmental history. Univ of Pittsburgh Press, Pittsburg

Uexküll Jv (1921) Umwelt und Innenwelt der Tiere. Springer, Berlin Heidelberg. Faksimile, hrsg. und mit einer Einleitung und einem Nachwort versehen von Mildenberger F, Herrmann B (2014) Springer Spektrum, Berlin. http://www.springer.com/de/book/9783642416996

Utz A, Groner J (1987) Thomas de Aquino: Recht und Gerechtigkeit. Theol. Summe II—II, Fragen 57—79/ Kommentar A Utz. — Nachfolgefassung von Bd 18 Deutsche Thomasausgabe/ übers. J Groner. IfG-Verlagsgesellschaft, Bonn

Vasak A (Hrsg) (2007) Météorologies. Discours sur le ciel et le climat, des Lumières au romantisme. (Les dix-huitièmes siècles 112) Champion, Paris

Voland E (2009) Soziobiologie. Die Evolution von Kooperation und Konkurrenz. 3. Aufl. Spektrum Akademischer Verlag, Heidelberg

WBGU (2011) Wissenschaftlicher Beirat der Bundesregierung Globale Umweltveränderungen WBGU, Hauptgutachten 2011: Welt im Wandel: Gesellschaftsvertrag für eine Große Transformation. http://www.wbgu.de/hauptgutachten/hg-2011-transformation/

Weber H (1937) Zur neueren Entwicklung der Umweltlehre J.v.Uexkülls. Die Naturwissenschaften 25:97–104

Wehr M (2002) Der Schmetterlingsdefekt. Turbulenzen in der Chaostheorie. Klett-Cotta, Stuttgart
White L (1943) Energy and the evolution of culture. Am Anthropol 45:335–356
White L (1945) History, evolutionism, and functionalism: Three types of interpretation of culture. Southwestern J Anthropol 1:221–248
White L (1946) Kroeber's „Configuration of culture growth". Am Anthropol 48:78–93
White L (1967) The historical roots of our ecologic crisis. Science 155:1203–1207
Windelband W (1894) Geschichte und Naturwissenschaft. Heitz, Straßburg
Winiwarter V, Knoll M (2007) Umweltgeschichte. UTB Böhlau, Köln
Wright G (1974) Erklären und Verstehen. Athenäum, Frankfurt a. M.
Wulf A (2016) Alexander von Humboldt und die Erfindung der Natur, 4. Aufl. Bertelsmann, München

Lesen Sie hier weiter

Bernd Herrmann, Jörn Sieglerschmidt
Umweltgeschichte im Überblick

1. Aufl. 2016, X, 37 S.
Softcover € 9,99
ISBN 978-3-658-14314-5

Änderungen vorbehalten.
Erhältlich im Buchhandel oder beim Verlag.

Einfach portofrei bestellen:
leserservice@springer.com
tel +49 (0)6221 345-4301
springer.com

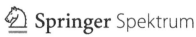

Lesen Sie hier weiter

Bernd Herrmann, Jörn Sieglerschmidt
Umweltgeschichte in Beispielen

1. Aufl. 2017, X, 52 S. 19 Abb. sw
Softcover € 9,99
ISBN 978-3-658-15432-5

Änderungen vorbehalten.
Erhältlich im Buchhandel oder beim Verlag.

Einfach portofrei bestellen:
leserservice@springer.com
tel +49 (0)6221 345-4301
springer.com

Printed by Printforce, the Netherlands